비행기 엔진 교과서

COLOR ZUKAI DE WAKARU JET ENGINE NO KAGAKU
Copyright © 2013 Kanji Nakamura All right reserved.

No part of this book may be used or reproduced in any manner
whatsoever without written permission except in the case of brief quotations
embodied in critical articles and reviews.

Originally published in Japan in 2013 by SB Creative Corp.
Korean Translation Copyright © 2017 by BONUS Publishing Co.
Korean edition is published by arrangement with SB Creative Corp. through BC Agency.

이 책의 한국어판 저작권은 BC 에이전시를 통한 저작권자와의 독점 계약으로 보누스출판사에 있습니다.
저작권법에 의해 보호를 받는 저작물이므로 무단전재와 무단복제를 금합니다.

The Science of Jet Engine

비행기 엔진 교과서

제트 여객기를 움직이는 터보팬 엔진의 구조와 과학 원리

나카무라 간지 지음 · 신찬 옮김 · 김영남 감수

보누스

머리말

초기 제트 여객기는 이륙할 때면 온몸을 울리는 굉음과 함께 시커먼 배기가스를 토해내곤 했다. 당시에는 힘이 넘치는 모습이었을지 몰라도 소음 및 배기가스 규제가 엄격해진 오늘날에는 이런 제트 여객기를 찾아볼 수 없다.

지금 제트 여객기의 소음은 프로펠러 비행기가 내는 소리 정도이며 검은색 배기가스도 거의 배출하지 않는다. 그 이유는 큰 팬(대량의 공기를 배출하는 날개)을 사용하고 엔진 본체를 컨트롤하는 기술이 크게 발전했기 때문이다.

예를 들어 초기 제트 엔진에는 엔진으로 공급하는 연료량을 스프링이나 캠 등을 이용한 유압식 기계 장치로 제어했다. 다시 말해 아날로그 제어 방식이다. 지금은 전자식 엔진 제어 장치인 디지털 제어 방식을 사용하며 연소 효율도 한층 개선되었다.

제트 엔진은 '분사 엔진'을 의미한다. 즉, 후방으로 가스를 분사하여 비행기를 하늘로 날려 보내는 엔진을 말한다. 아무리 엔진을 컨트롤하는 방식이 전자 제어로 바뀌었어도 분사하는 힘을 이용한다는 점은 변하지 않았다. 이 책에서는 실제로 제트 엔진을 운용해본 경험을 토대로, 제트 엔진이 뿜어내는 힘의 원천, 기본 구조, 작동 시스템, 이륙과 착륙에 필요한 조작 등을 알아볼 것이다. 가능한 한 전문 용어를 피하고, 직관적으로 이해할 수 있도록 그림으로 설명했다. 또한 실제에 가까운 수치를 이용해 알기 쉬운 예를 많이 들었다.

제1장에서는 제6장 '제트 엔진의 이륙에서 착륙까지'의 이해를 돕기 위해 제트 엔진의 역할을 중심으로 살펴보고 양력과 관련한 내용도 간단히 서술한다. 제2장에서는 제트 엔진이 왜 비행기의 주력이 되었는지 살펴보기 위해 항공 업

계의 역사를 거슬러 올라가본다. 피스톤 엔진의 한계, 프로펠러 여객기와 제트 여객기의 차이점도 살펴본다.

제3장에서는 제트 엔진이 발휘하는 힘의 원천은 무엇이며 그 구조는 어떠한지, 오늘날 제트 여객기가 터보팬 엔진을 채용하고 있는 이유는 무엇인지 알아본다. 제4장에서는 엔진이 힘을 발휘하는 시스템과 방빙 장치의 구조가 어떠한지를 살펴본다. 제5장에서는 제트 엔진과 관련한 계기와 그 표시 방식이 어떻게 발전해왔는지를 정리한다.

제6장에서는 이 책에서 가장 중요한 주제인 제트 엔진의 운용과 조작을 다룬다. 예를 들어 모든 엔진이 정지했을 때는 어떤 조치가 필요한지를 알아보고, 이륙에서 착륙에 이르는 모든 과정과 관련해서 엔진을 어떻게 작동하는지 설명한다.

마지막으로 이 책이 제트 엔진의 구조와 제트 여객기의 운항에 흥미가 있는 분들에게 조금이라도 도움이 되기를 희망하면서 글을 마칠까 한다. 소프트뱅크 편집부의 이시이 겐이치 씨가 많은 도움을 주었다. 이 자리를 빌어서 감사 인사를 전한다.

나카무라 간지

머리말 _ 5

Chapter 1 제트 엔진의 역할

    1-01 엔진이란 무엇인가? _ 14

    1-02 지상에서 제트 엔진의 역할 _ 16

    1-03 이륙 시 제트 엔진의 역할 _ 18

    1-04 비행기의 중량 _ 20

    1-05 양력이란 무엇인가? _ 22

    1-06 상하 역학 관계 _ 24

    1-07 전후 역학 관계 _ 26

    1-08 상승은 엔진의 힘이 좌우한다 _ 28

토막 상식 1 워밍업과 쿨다운 _ 30

Chapter 2 프로펠러부터 제트 엔진까지

    2-01 프로펠러 _ 32

    2-02 프로펠러의 역할 _ 34

    2-03 리시프로 엔진 _ 36

    2-04 리시프로 엔진과 프로펠러 _ 38

2-05 리시프로 엔진의 한계 _ 40

2-06 프로펠러의 한계 _ 42

2-07 터보프롭의 출현 _ 44

2-08 터보 엔진 _ 46

2-09 터보팬 _ 48

2-10 중단거리 제트 여객기 _ 50

2-11 점보제트기의 도입 _ 52

2-12 와이드보디기의 등장 _ 54

2-13 쌍발기의 전성시대 _ 56

2-14 세계 최대의 쌍발기 _ 58

2-15 세계 최대의 여객기 _ 60

2-16 초음속 여객기(SST) _ 62

토막 상식 2 지구가 둥글다는 사실을 실감하다 _ 64

Chapter 3 제트 엔진이란 무엇인가?

3-01 풍선이 나는 힘의 정체 _ 66

3-02 제트 엔진의 힘 _ 68

3-03 비행에 필요한 추력이란? _ 70

3-04 제트 엔진의 구조 _ 72

3-05 원심식 압축기의 구조 _ 74

3-06 축류식 압축기의 작동 원리 _ 76

3-07 압축기의 공기역학 _ 78

3-08 연소실 _ 80

3-09 터빈의 역할 _ 82

3-10 배기 섹션 _ 84

3-11 터보팬은 무엇인가? _ 86

　　　　3-12　팬의 크기 _ 88

　　토막 상식 3　스러스트 레버 _ 90

Chapter 4　제트 엔진을 움직이는 시스템

　　　　4-01　엔진 커버 _ 92

　　　　4-02　공기 흡입구 _ 94

　　　　4-03　엔진 방빙 장치 _ 96

　　　　4-04　블리드 에어 _ 98

　　　　4-05　액세서리 기어 박스 _ 100

　　　　4-06　발전기 _ 102

　　　　4-07　윤활유 펌프 _ 104

　　　　4-08　연료 펌프 _ 106

　　　　4-09　연료 탱크 _ 108

　　　　4-10　제트 엔진의 액세서리 _ 110

　　　　4-11　정격 추력이란 무엇인가? _ 112

　　　　4-12　스러스트 레버의 작동 범위 _ 114

　　　　4-13　리버스 레버 _ 116

　　　　4-14　스러스트 레버의 작동에 따른 추력 변화 _ 118

　　　　4-15　엔진 제어 장치 _ 120

　　　　4-16　스타터 _ 122

　　　　4-17　엔진 시동 장치 _ 124

　　　　4-18　방화 대책 _ 126

　　토막 상식 4　방빙 장치와 외기 온도 _ 128

Chapter 5　제트 엔진의 계기

　　　　5-01　엔진 계기의 역할 _ 130

- 5-02 제트 엔진의 계기 _ 132
- 5-03 디스플레이 _ 134
- 5-04 N_1 회전계 _ 136
- 5-05 N_2, N_3 회전계 _ 138
- 5-06 EGT계 _ 140
- 5-07 힘의 크기를 측정하는 계기 _ 142
- 5-08 EPR계 _ 144
- 5-09 연료 유량계 _ 146
- 5-10 윤활유 관련 계기 _ 148
- 5-11 TAT계 _ 150
- 5-12 ADIRS _ 152
- 5-13 FE(항공 기관사) 패널 _ 154
- 5-14 ECAM _ 156
- 5-15 EICAS _ 158
- 토막 상식 5 파일럿은 서로 확인한다 _ 160

Chapter 6 제트 엔진의 이륙에서 착륙까지

- 6-01 비행의 시작은 APU _ 162
- 6-02 APU 스타트(1) _ 164
- 6-03 APU 스타트(2) _ 166
- 6-04 연료량 확인 _ 168
- 6-05 엔진 스타트 준비 _ 170
- 6-06 엔진 스타트 _ 172
- 6-07 엔진 스타트 중지 _ 174
- 6-08 엔진 방빙 장치 _ 176
- 6-09 이륙 추력과 외기 온도 _ 178

6-10 이륙 추력과 기압 _ 180
6-11 이륙 추력의 설정 _ 182
6-12 에어버스기의 이륙 추력 설정 _ 184
6-13 보잉기의 이륙 추력 설정 _ 186
6-14 이륙 추력과 비행 속도 _ 188
6-15 이륙 개시 _ 190
6-16 이륙 활주 중 엔진 고장 _ 192
6-17 이륙 속도 V_1(브이 원) _ 194
6-18 이륙 추력의 시간제한 _ 196
6-19 에어버스의 상승 추력 설정 _ 198
6-20 보잉기의 상승 추력 설정 _ 200
6-21 상승 추력의 크기 _ 202
6-22 잉여 추력과 잉여 마력 _ 204
6-23 운용 상승 한도 _ 206
6-24 순항 추력 설정 _ 208
6-25 순항 추력의 크기 _ 210
6-26 드리프트 다운 _ 212
6-27 EDTO − 180 _ 214
6-28 전 엔진 정지 _ 216
6-29 강하는 어떻게 하는가? _ 218
6-30 아이들 추력의 크기 _ 220
6-31 착륙할 때는 엔진의 힘이 필요하다 _ 222
6-32 고 어라운드 _ 224

찾아보기 _ 227
참고 문헌 _ 231

CHAPTER 1

제트 엔진의 역할

비행기가 하늘을 날려면 중력, 양력, 추력, 항력의 힘이 서로 균형을 이루어야 한다. 어느 하나라도 빠지면 비행할 수 없다. 이 힘들이 어떻게 균형을 유지하는지 살펴본다.

엔진이란 무엇인가?

원동기와 발동기의 차이

1-01

　엔진은 원래 정교하게 세공을 하거나 어떠한 고안을 통해 사물을 움직이는 장치를 의미한다. 그런데 자동차 업계와 항공 업계에서 말하는 엔진은 그 의미가 서로 다르다.

　먼저 자동차 업계에서 말하는 (도로교통법에서 규정한) 엔진은 원동기다. 원동기는 물, 전기, 열 등 자연계에 존재하는 다양한 비운동 에너지를 운동 에너지로 바꾸는 동력 장치를 일컫는 말로 자동차의 동력 장치는 열에너지뿐만 아니라 무궤도 전차, 하이브리드 자동차, 전기 자동차, 전동 바이크처럼 전기 에너지도 이용하기 때문에 '원동기'라고 부른다.

　반면 항공 업계에서 사용하는 엔진은 일반적으로 열에너지만 이용하기 때문에 발동기를 의미한다. 다만 가까운 미래에 전기 에너지를 이용한 추진 장치가 개발된다면 항공 업계에서도 엔진을 '발동기'가 아니라 '원동기'의 의미로 사용할지도 모르겠다.(이 같은 용어 구분은 일본에서 주로 사용한다.)

　엔진은 열에너지의 이용법에 따라 외연 기관과 내연 기관으로 나눈다. 외연 기관을 대표하는 것은 강력한 힘으로 증기 기관차를 움직이는 증기 기관이고, 내연 기관을 대표하는 것은 자동차를 고속으로 움직이는 피스톤 엔진이다. 이 책의 주제인 여객기의 제트 엔진도 내연 기관에 속한다.

자동차 업계에서는 '원동기'

항공 업계에서는 '발동기'

대표적인 엔진의 종류

	기관	열에너지 이용법	대표 엔진	이용 사례
엔진	외연 기관	기관 외부에서 연소해 얻은 열에너지로 동력을 일으키는 엔진	증기 기관	증기 기관차
	내연 기관	기관 내부에서 연소해 얻은 열에너지로 동력을 일으키는 엔진	피스톤 엔진	자동차 소형 비행기
			제트 엔진	비행기

지상에서 제트 엔진의 역할
엔진 출력과 힘의 균형

증기 기관 또는 피스톤 엔진은 기관차나 자동차를 목적지로 이동시키는 역할을 한다. 그러나 제트 엔진은 이동뿐만 아니라 공중에서 비행기를 지탱하는 역할도 해야 한다. 먼저 지상에서 제트 엔진이 맡고 있는 역할을 살펴본다.

가벼운 비행기는 엔진을 켜고 브레이크만 밟지 않는다면 아이들(idle) 상태(자동차에서 가속 페달을 밟지 않은 상태와 동일)에서도 움직일 수 있다. 다만 우리가 평소 이용하는 일반 여객기라면 어느 정도의 엔진 출력이 있어야 움직인다.

일단 비행기가 움직이기 시작하면 타이어와 유도로(활주로까지의 경로) 사이의 마찰이 작아지기 때문에 엔진 출력을 높이면 가속도가 붙는다. 그래서 일정한 속도로 주행하려면 엔진 출력과 마찰, 다시 말해 전진하는 힘과 전진을 막는 힘의 크기를 똑같이 유지하여 그 역학 관계가 균형을 이루도록 해야 한다. 자동차가 주행할 때, 제한 속도를 지키기 위해 가속 페달을 적당한 힘으로 일정하게 밟아야 하는 이치와 같다.

'전진하는 힘과 전진을 방해하는 힘이 균형을 이루는데 비행기가 어떻게 움직이지?'라고 의아해하는 사람도 분명 있을 것이다. 비행기가 정지 상태라면 절대 움직이지 않는다. 그러나 일단 움직이기 시작해서 힘의 균형만 유지할 수 있다면 일정한 속도로 이동한다. 물체가 힘의 균형을 이루면 그 운동 상태를 계속 유지하려는 성질인 관성 때문에 이런 현상이 일어난다.

일정한 속도로 주행하기 위해서는?

(엔진 출력) = (마찰) ➡ 일정 속도로 주행

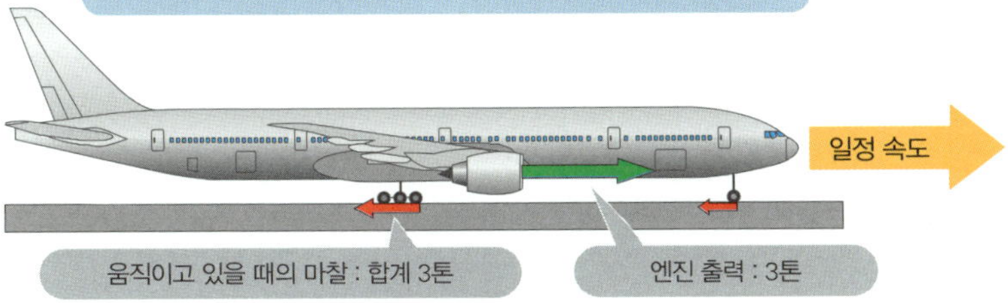

일정 속도

움직이고 있을 때의 마찰 : 합계 3톤

엔진 출력 : 3톤

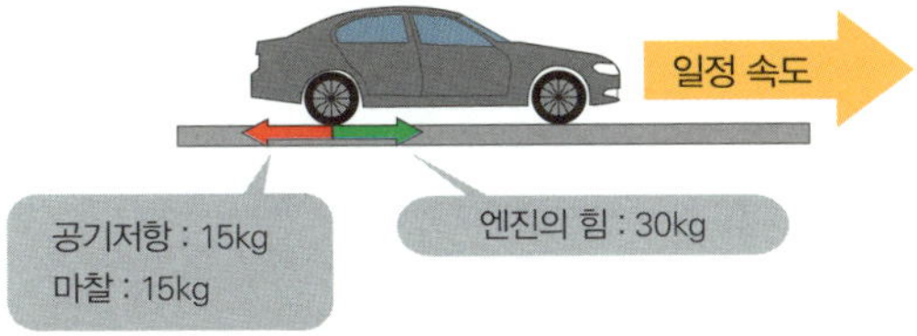

일정 속도

공기저항 : 15kg
마찰 : 15kg

엔진의 힘 : 30kg

왜 일정한 속도로 움직일 수 있는가?

다른 힘의 작용(움직임 발생)이 없다면
- 정지한 비행기는 계속 정지한다.
- 일정한 속도로 움직이는 비행기는 계속 일정한 속도로 움직인다.

이 두 가지 성질을 관성이라고 한다.

다른 힘이 작용한다면?
- 브레이크를 밟으면 마찰이 커지고 힘의 균형이 깨져서 감속한다.
- 엔진 출력을 높이면 힘의 균형이 깨져서 가속한다.

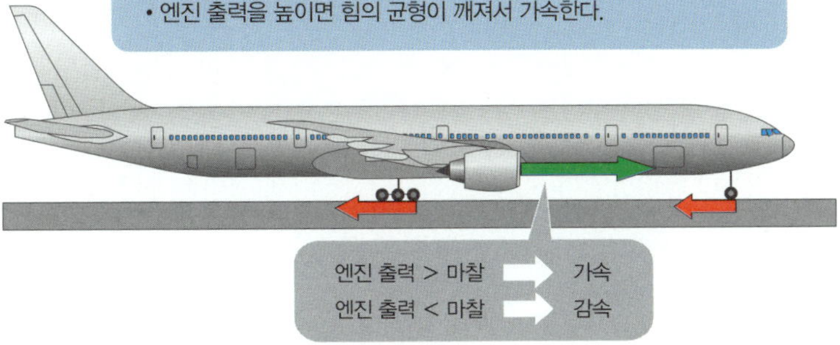

엔진 출력 > 마찰 ➡ 가속
엔진 출력 < 마찰 ➡ 감속

이륙 시 제트 엔진의 역할

1-03

제한된 활주로를 초월하는 힘

지상에서 비행기의 목적지는 활주로다. 활주로에 도착했다면 하늘을 향해 이륙할 차례를 기다리면 된다. 이륙이란 제한된 활주로에서 비행기가 문제없이 날아오르는 것을 의미한다.

비행기, 더 정확히는 T라는 카테고리에 속하는 제트 여객기는 활주로 끝에서 아슬아슬하게 떠올라서는 안 된다. 이륙 거리는 리프트오프(liftoff. 활주로에서 떠오르는 순간) 이후 활주로의 끝을 10.7m 이상으로 통과하여 안전하게 상승할 수 있는 자세를 잡기까지의 수평 거리를 말한다. 즉, 이륙이란 비행기 바퀴가 활주로를 벗어난 그 순간이 아니라 활주로에서 10.7m 이상 떠오른 시점을 의미한다.

한편 비행기가 공중으로 떠오르는 것은 날개에서 발생하는 양력(비행 방향에 대해 수직으로 발생한 힘) 덕분이다. 하지만 400톤의 양력으로 350톤의 비행기를 들어 올려 이륙한다는 개념은 아니다. 어디까지나 양력과 비행기 사이의 중량 관계는 대등하다. 이러한 상하 대등한 힘의 관계가 깨지면 안정적인 비행이 불가능할 뿐만 아니라 날개의 강도에도 나쁜 영향을 준다.

350톤짜리 비행기가 이륙하기 위해서는 350톤에 해당하는 양력이 필요하지만, 엔진 출력은 350톤이나 필요하지 않다. 예를 들면 350톤짜리 비행기를 공항 터미널 옥상에서 관측했더니 떠오르기까지 소요된 시간은 42.27초이고 이동한 거리는 2,600m였다. 이 결과에 따르면 비행기가 이륙하기 위해서는 그 무게의 3분의 1 이하인 약 104톤의 엔진 출력(힘)이 필요할 뿐이다.

이륙할 때 필요한 엔진 출력

터미널 옥상에서 관측한 결과
- 비행기 무게 : 350톤
- 떠오르기까지의 시간 : 42.27초
- 소요 이동 거리 : 2,600m

비행기 : 보잉777-300ER
제트 엔진 : GE90-115B

소요 시간 : 42.27초
10.7m
비행기 무게 : 350톤
소요 이동 거리 : 2,600m

거리 = $\frac{1}{2}$ × 가속도 × 시간^2 이므로

$$가속도 = \frac{2 \times 2600}{(42.27)^2}$$

$$\fallingdotseq 2.91$$

중량 = 질량 × 중력가속도(9.8)
힘 = 질량 × 가속도

따라서

$$출력 = \frac{350}{9.8} \times 2.91$$

$$\fallingdotseq 104(톤)$$

무게 350톤짜리 비행기가 이륙할 때 필요한 엔진 출력은 약 104톤

비행기의 중량

1-04

중량과 중력의 관계

사과가 나무에서 떨어지는 이유는 지구 중심으로 물체를 당기는 힘인 중력이 존재하기 때문이다. 사과보다 훨씬 높은 곳에 있는 비행기에도 중력은 작용한다. 지구를 직경 64cm의 공으로 축소하면 비행기도 지표면에서 불과 1mm 정도 떨어져 있을 뿐이다. 그리고 비행기의 무게가 350톤이라면 지상이든 1만m 상공이든 항상 350톤의 하중을 받는다.

중력은 사과가 낙하 중일 때도 작용하기 때문에 1초 후에는 9.8m/초, 2초 후에는 19.6m/초와 같이 1초에 9.8m/초 비율로 낙하 속도가 빨라진다. 이렇게 1초마다 늘어나는 속도 비율을 가속도, 특히 중력에 의한 가속도를 중력가속도라고 하며, 그 값은 9.8m/초^{2}이다. 중량이란 물체에 작용하는 중력의 크기다. 중력을 발생시키는 원인인 물체의 고유한 양을 질량이라고 한다.

이렇게 중력을 기본으로 하는 단위계에서는 힘의 단위를 kgw(킬로그램중)이라고 표기한다. 하지만 이 책에서는 일반적인 무게 단위인 kg(킬로그램) 또는 t(톤)을 사용하겠다. '350톤 무게의 비행기에 필요한 양력의 크기는 350톤'과 같이 표기하는 것이 알기 쉽기 때문이다. 그리고 질량은 1kgw의 힘으로 1m/초^{2}의 가속도가 발생하는 양이라고 정의하며 미터법 단위는 kgw·초^2/m다. 야드-파운드법에서는 lbf·초^2/ft를 쓰는데 이 질량 단위를 슬러그(slug)라고 한다.

비행기에 작용하는 중력의 크기

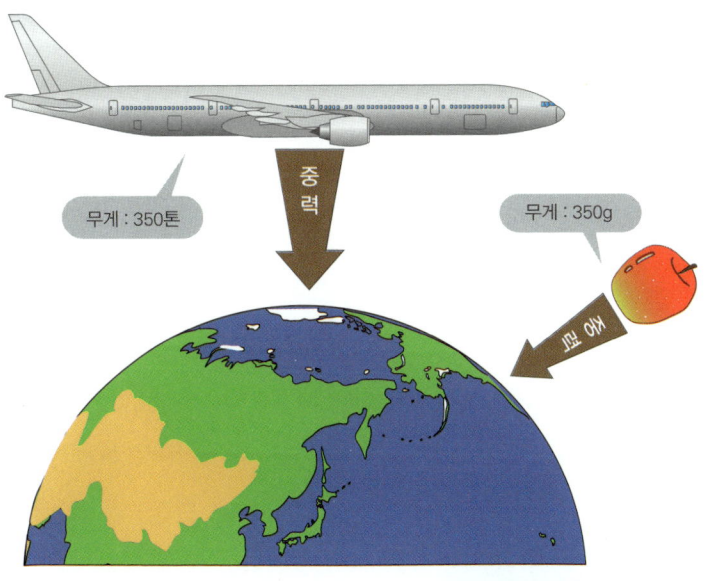

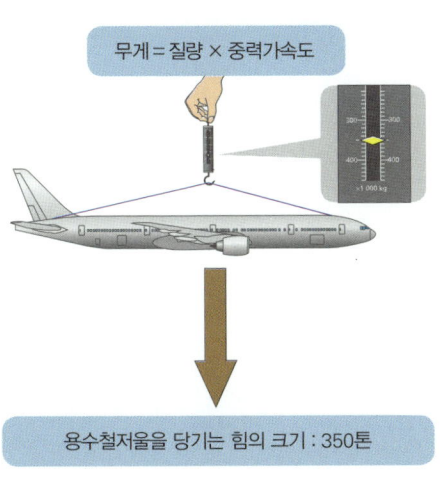

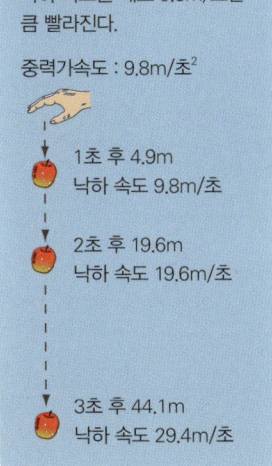

양력이란 무엇인가? 1-05

중력을 거슬러 비행기를 지탱하는 힘

움직이고 있는 물체의 속도나 방향을 바꾸기 위해 힘을 가하면 힘을 가한 물체에도 동일한 크기의 힘이 작용한다. 이는 작용 반작용의 법칙으로 널리 알려져 있다. 이 법칙은 고체뿐만 아니라 유체인 공기에도 적용된다.

평소에는 공기의 힘을 의식할 수 없지만 1기압은 약 10톤/m^2나 된다. 비행기가 이륙하기 전에는 기체에 1기압이 균등하게 작용한다. 그렇기 때문에 아무런 일도 일어나지 않는다. 하지만 비행기가 가속을 시작하면 날개가 공기 흐름을 크게 왜곡하며 후방 아래로 공기를 흘려보낸다. 이때 공기의 반작용으로 비행기 날개의 상하에 압력차가 발생한다. 이 압력차 때문에 비행기를 밀어 올리는 힘이 발생하는데 이 힘이 바로 양력이다. 지상에서는 1퍼센트의 압력차라도 100kg/m^2나 되기 때문에 날개 면적이 436m^2인 보잉777-300ER이 이륙할 때 날개 상단면의 압력이 하단면보다 약 8퍼센트 낮아지면 350톤에 해당하는 양력이 발생한다.

양력은 어떠한 비행 조건에서든 비행기를 지탱하는 역할을 해야 한다. 하지만 양력은 비행 속도에 비례하기 때문에 비행 속도가 빨라지면 양력이 커지고, 비행 속도가 느려지면 양력도 작아진다. 또한 공기 밀도에 비례하기 때문에 밀도가 낮은 고고도로 상승하면 양력은 작아진다.

날개의 받음각이 증가하면 양력도 증가한다. 다만 일정한 각도 이상으로 받음각이 증가하면 실속 현상이 발생한다. 파일럿은 받음각을 조절하여 어떤 비행 조건에서든 양력을 유지해 비행기를 지탱한다. 그래서 오른쪽 그림처럼 같은 수평비행이라도 비행 속도에 따라 비행기의 자세는 달라진다.

비행 속도에 따른 자세 변화

1초당 34톤의 공기를 100m/초 속도로 흘려보낸다

350톤

날개가 공기를 후방 아래로 흘려보내서 생기는 압력차에 의한 공기의 반작용이 양력이다.

비행 방향

양력은 공기 밀도, 비행 속도, 비행기의 자세에 따라 달라진다.

350톤

비행 방향

비행 속도가 느리거나 공기가 희박한 고고도에서는 기수를 높여서 각도를 키운다.

350톤

비행 방향

비행 속도가 빠르거나 공기 밀도가 높은 저고도에서는 기수를 낮춰서 각도를 줄인다.

상하 역학 관계

무게와 지탱력은 대등하다

1-06

비행기가 출발 로비 앞의 주기장에 정지할 수 있는 것은 비행기의 무게와 주기장의 콘크리트가 지탱해주는 힘이 균형을 이루기 때문이다. 비행기의 무게가 350톤이라면 콘크리트의 지탱력도 350톤이고, 비행기의 무게가 250톤이라면 콘크리트의 지탱력도 250톤이다.

공중에서 비행기를 계속 지탱해주는 힘은 날개가 만들어내는 양력에서 비롯되며 지상과 마찬가지로 상하 힘의 관계는 완전히 대등하다. 예를 들어 비행기의 무게가 350톤이라면 양력도 350톤이고, 비행기의 무게가 250톤이면 양력도 250톤이다.

이처럼 양력은 항상 비행기의 무게와 대등하며 양력을 높여 비행기를 상승시키지는 않는다. 상승은 양력이 아니라 엔진의 힘이 좌우한다. 엔진 출력이 비행기의 무게보다 크다면 양력에 의존하지 않고 로켓처럼 수직으로 상승할 수 있다. 만약 양력을 높여 상승한다면 비행기가 크게 흔들릴 뿐만 아니라 상승할 때마다 예기치 못한 힘이 작용하여 비행기에 구조상 문제가 일어날 수 있다.

일반적으로 항공기의 고도를 낮추기 위해서는 기수의 방향을 아래로 향하게 해서 내려오게 한다. 이때 항공기의 무게와 양력이 평형을 이룬다. 그러나 기수를 비행 방향과 일치시킨 상태에서 고도를 낮출 때는 항공기의 보조익(flap)을 조절해 양력을 조금씩 저하시키면서 서서히 내려온다. 양력이 감소하면 몸이 좌석에서 떠오르는 듯한 힘이 작용(-G)하는데 이때 비행기의 강도가 약해진다. 반대로 양력이 증가하여 몸이 좌석에 짓눌리는 듯한 힘이 작용(+G)해도 비행기 강도는 평소보다 절반 이하로 떨어진다.

비행기에 작용하는 힘의 관계

비행기를 지탱하는 콘크리트의 힘(수직 항력)
비행기의 무게가 350톤이면 지탱하는 힘도 350톤
비행기의 무게가 250톤이면 지탱하는 힘도 250톤

콘크리트

비행기의 무게(중력)

비행기를 지탱하는 공기의 힘(양력)
비행기의 무게가 350톤이면 지탱하는 힘도 350톤
비행기의 무게가 250톤이면 지탱하는 힘도 250톤

비행기의 무게(중력)

전후 역학 관계

1-07

전진하는 힘(추력)과 막아서는 힘(항력)

비행기가 공중에서 고속으로 비행하면 그 반작용으로 생기는 공기의 힘과 마주한다. 비행 방향의 수직으로 작용하는 힘을 양력이라고 하고, 비행기의 진행을 막는 힘을 항력이라고 한다.

항력은 크게 유해 항력과 유도 항력으로 나뉜다. 비행기는 기본적으로 유선형이며 공기저항을 최소화하고 기류가 표면을 따라 최대한 부드럽게 흘러가도록 설계된다. 하지만 기체 표면과 공기 사이의 마찰을 완전히 피할 수는 없다. 이때 생기는 항력을 유해 항력이라고 한다. 유해 항력은 말 그대로 비행기에 유해한 힘이며 전진을 방해하는 저항력이기 때문에 비행 속도가 빠를수록 커진다.

날개에 양력이 작용하면 날개 끝에서 공기 소용돌이가 생기는데, 이때 발생하는 항력을 유도 항력이라 한다. 비행 속도가 느리면 조종사는 양력을 최대한 유지하기 위해 공기가 아래쪽을 향하도록 비행기의 기수를 조종한다. 이때 날개 끝에 소용돌이의 영향이 커져서 유도 항력이 증가한다. 하지만 비행 속도가 빨라지면 비행기의 기수가 아래로 향하게 되므로 날개 끝에서 발생한 공기 소용돌이의 영향은 줄어든다. 따라서 유도 항력은 속도가 빨라지면 줄어든다.

철새들이 'V'자를 그리며 편대 비행을 하는 이유도 유도 항력을 최소화하기 위해서다. 한편 비행기의 날개 끝에 있는 윙렛(winglets)이라는 작은 날개 판이 날개 끝에서 발생하는 소용돌이를 억제하여 유도 항력을 최소화한다.

항력은 오른쪽 그래프처럼 속도와 함께 커지는 유해 항력과 속도와 함께 작아지는 유도 항력을 합계하여 산출한다. 예시에 따르면 수평비행을 할 때 항력이 14톤이므로 추력은 14톤이 필요하다.

추력과 항력의 관계

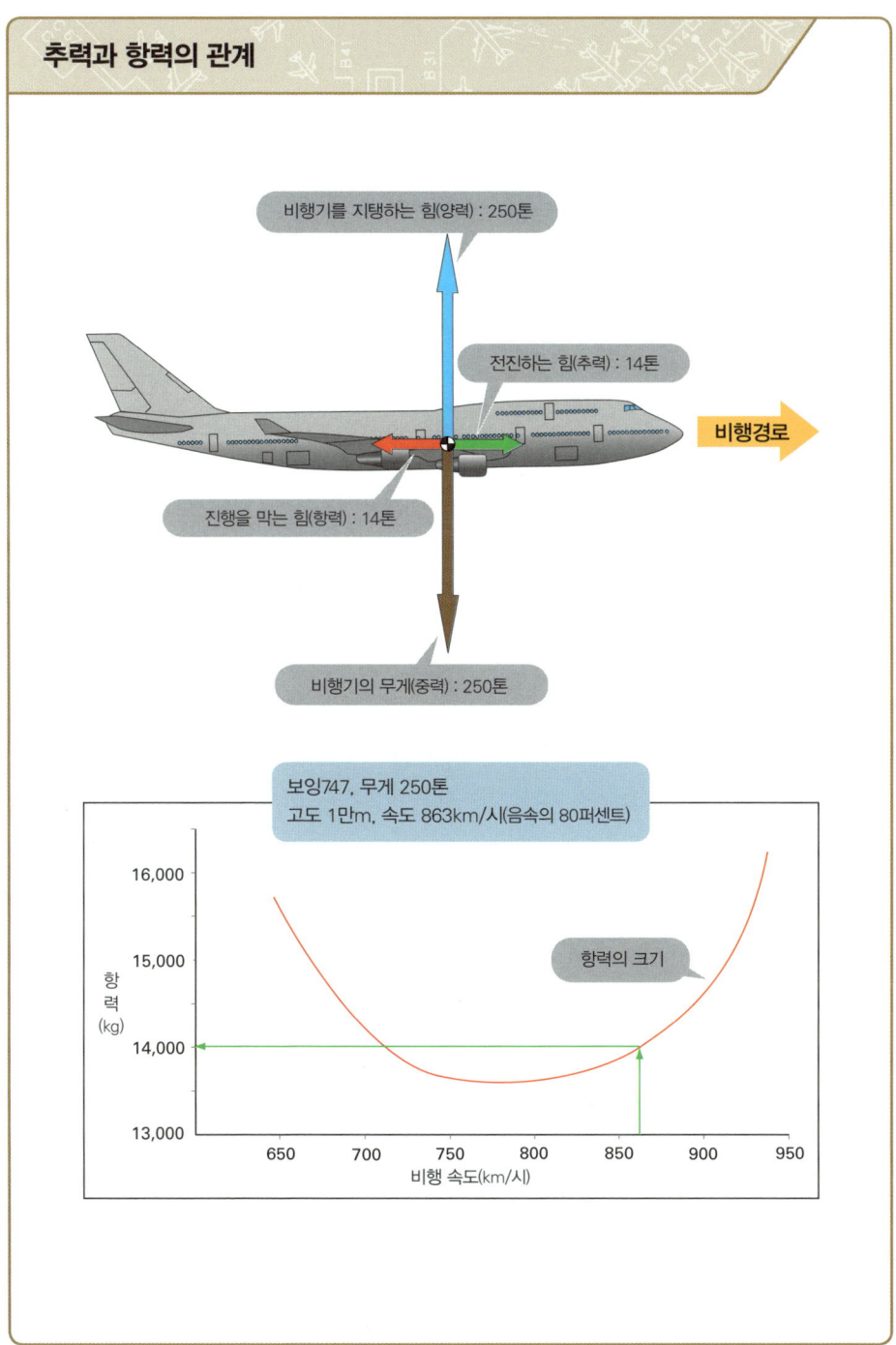

상승은 엔진의 힘이 좌우한다

엔진은 양력을 대신하기도 한다

자동차는 비탈길을 오를 때 평지보다 가속 페달을 더 밟아 출력을 높이지 않으면 속도가 줄어들고 만다. 왜 그런지 생각해보자.

자동차를 지탱하는 수직 항력은 말 그대로 도로에 대해 수직으로 작용한다. 그리고 중력은 지구 중심을 향해 작용한다. 자동차가 비탈길을 오르면 수직 항력과 중력은 일직선상이 아니므로 수직 항력과 중력이 합쳐진 합력(合力)이 발생한다. 이 합력은 자동차의 진행을 막는 힘이다. 경사도가 큰 비탈길일수록 합력도 커진다. 그래서 가속 페달을 밟아야 한다.

비행기도 마찬가지다. 상승이란 공기의 비탈길을 거슬러 올라가는 것이라고 생각해도 무방하다. 양력은 비행기가 나는 방향에 대해 직각으로 작용하지만 중력은 지구의 중심을 향해 작용한다. 때문에 비행기가 기울어지면 중력과 양력의 합력이 상승을 막는 힘이 된다.

예를 들어 비행기의 무게가 250톤이면 상승 각도가 5도만 기울어져도 이때 상승을 막는 힘은 22톤이나 된다. 따라서 수평비행을 할 때 항력이 14톤이라면 상승할 때의 항력은 22+14=36톤이라는 계산이 나온다. 따라서 엔진 추력은 36톤 이상이 필요하다.

또한 비행기의 '겉보기 무게'가 줄기 때문에 양력이 그만큼 적어도 괜찮지만 엄밀히 말하자면 상승 중에는 비행기를 지탱하는 양력의 역할을 엔진이 어느 정도 대신한다. 만약 수직 상승이 가능하다면 양력은 0톤이기 때문에 오롯이 엔진의 힘으로 상승해야 하며 250톤 이상의 추력이 필요하다.

상승을 좌우하는 엔진의 힘

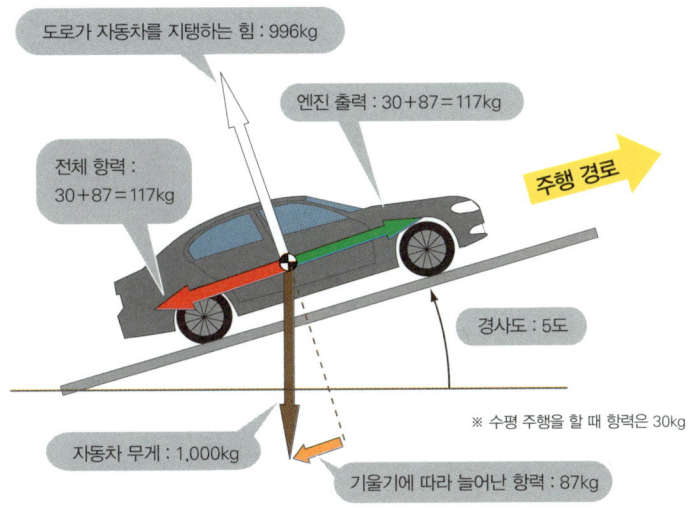

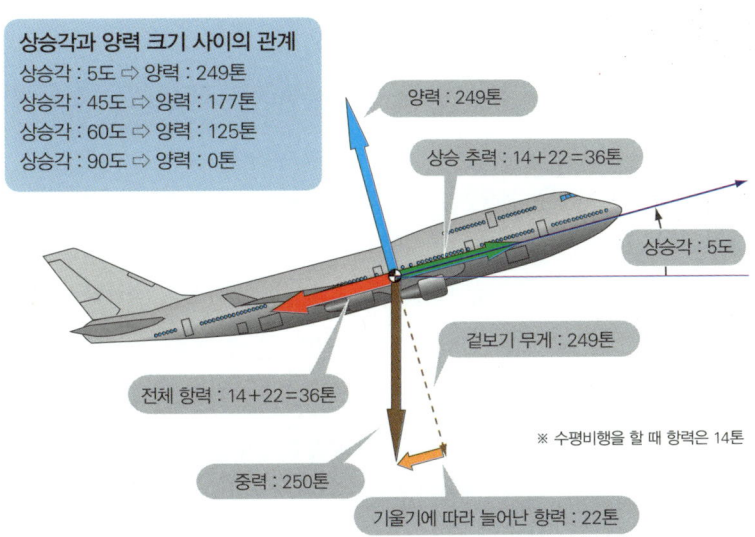

토막 상식
001

워밍업과 쿨다운

일반적으로 비행기 엔진은 '12시간 비행 후 주기장에서 급유를 비롯해 2시간가량 출발 준비를 하고, 12시간 비행을 위해 이륙하는 일'을 반복한다. 제트 엔진은 이처럼 쉴 때보다 일할 때가 더 많다. 혹사하는 제트 엔진을 오랫동안 사용하기 위해서는 워밍업과 쿨다운이 중요하다.

요즘 자동차는 수온계가 오를 때까지 워밍업을 할 필요가 없다. 주행 난기 운전만으로 충분히 엔진이 데워지기 때문이다. 제트 엔진도 면과 면이 서로 스치는 마찰 부분이 없는 구름 베어링(rolling bearing) 방식이라서 이론상 난기 운전은 필요 없지만 매뉴얼에는 최대 출력으로 이륙하기 전에 난기 운전이 필요하다고 적시되어 있다. 게다가 실제로 주기장에서 활주로까지 아이들 회전으로 몇 분간 주행하기 때문에 자동차와 마찬가지로 주행 난기 운전을 하고 있는 셈이다.

비행 종료 후 엔진을 정지하면 핫 섹션(연소실에서 터빈까지의 고온부)과 그 외 섹션이 균일하게 냉각되지 않는다. 이 온도차 때문에 다시 출발할 때 엔진 진동이 발생하기도 한다. 이때 잠시 난기 운전을 하면 진동을 방지할 수 있다.

따라서 엔진을 정지할 때의 쿨다운은 워밍업보다 중요하다. 착륙할 때 사용하는 역분사의 출력이 높아서 배기가스 온도가 상승했거나 혹은 착륙을 중단하고 고 어라운드(go around) 이후 다시 착륙했다면 평소보다 엔진이 뜨겁다. 이럴 때는 쿨다운을 충분히 해줘야 한다.

CHAPTER 2

프로펠러부터 제트 엔진까지

1903년 라이트(Wright) 형제가 동력 비행에 성공하고 불과 50년 후에 제트 엔진이 세계의 하늘을 누비는 시대가 되었다. 항공 기술은 발전을 거듭해 초음속기 수준에 이르렀지만 이 책에서는 프로펠러 여객기부터 제트 여객기까지의 발전 과정과 역사를 살펴본다.

프로펠러

2-01

전진하는 힘을 만드는 도구

    옛날에는 하늘을 자유롭게 날기 위해서 새처럼 날갯짓이 필요하다고 생각했던 모양이다. 1490년경 레오나르도 다 빈치(Leonardo da Vinci)가 스케치로 남긴 하늘을 나는 기구가 그 대표적인 사례다. 약 400년 후인 1891년에는 독일인 오토 릴리엔탈(Otto Lilienthal)이 고정된 날개로 활공 비행에 성공한다. 새의 날갯짓을 흉내 내어 추력과 양력을 동시에 발생시키지 않고 일단 전진하여 날개로 양력을 만들어 비행한 것이다.

    이 활공 비행이 1903년 라이트 형제의 동력 비행 성공으로 이어진다. 동력 비행이란 높은 곳에서 뛰어내려 바람에 의지하는 방법이 아니라 동력 장치의 힘으로 평지에서 하늘로 날아오르는 것을 말한다. 엔진은 당시 이미 자동차에 사용하던 피스톤 엔진을 이용했는데, 물론 피스톤 엔진만으로 추력을 발생시킬 수 없기 때문에 날갯짓 대신에 프로펠러를 돌려서 추력을 만들어냈다. 프로펠러가 만드는 추력으로 전진하면 고정된 날개가 자연스럽게 공기를 가르기 때문에 양력이 생긴다. 결과적으로 날갯짓과 같은 효과를 내어 비행기가 어느 순간 지면을 떠나 공중으로 날 수 있었던 것이다.

    프로펠러가 전진하는 힘을 만들어낸다는 사실은 옛날부터 알려져 있었다. 1800년대 후반에 이미 외륜선 대신에 프로펠러(스크루)가 장착된 대형 선박이 대양을 항해할 정도였다. 큰 배가 추진하는 데 프로펠러를 사용했기 때문에 비행기를 날리는 데도 프로펠러를 이용한 것은 어쩌면 자연스러운 일이었다. 라이트 형제가 비행기를 위해 개발한 프로펠러 기술은 그 후 더욱 발전하여 많은 비행기와 선박이 하늘과 바다를 누비는 데 큰 기여를 했다.

추력과 양력을 따로 발생시키다

레오나르도 다 빈치의 하늘을 나는 기구(1490년경)

새는 날갯짓만으로 추력과 양력을 모두 발생시킨다.

라이트 형제의 동력 비행 성공은 다음과 같은 역할 분담 덕분이다.
- 전진하는 힘(추력)은 프로펠러
- 비행기를 지탱하는 힘(양력)은 날개

2.6m

라이트 플라이어 (Wright Flyer)

라이트 플라이어의 프로펠러

프로펠러의 역할

2-02

추력이 생기는 이유는 무엇인가?

라이트 형제가 개발한 프로펠러는 항공 및 항해 기술 발전에 큰 기여를 했다. 그 당시 프로펠러의 효율은 70퍼센트 수준으로, 요즘과 비교해도 결코 손색이 없다. 프로펠러의 효율이란 엔진의 출력 에너지를 프로펠러가 얼마나 추진 에너지로 변환하는지 가늠하기 위한 '척도'이며 현재의 프로펠러도 그 효율은 70~80퍼센트 수준이다. 선풍기로 말하자면 같은 회전력을 가진 모터라도 날개의 효율에 따라 바람을 일으키는 정도가 달라진다.

프로펠러는 추진기라는 의미다. 선박 업계에서는 일반적으로 스크루(screw)라고 한다. 나사(영어로 screw)가 회전하며 나무를 파고들어 박히는 원리와 마찬가지로 수중에서도 회전하면서 전진한다고 여겨서 붙여진 이름이다. 비행기의 프로펠러와 구별하기 위해서 스크루 프로펠러라고 부르기도 한다.

물론 프로펠러는 나사처럼 공기 속을 파고들며 전진하지 않는다. 양력이 생기는 원리와 마찬가지로 작용 반작용의 법칙이 여기서도 적용된다. 이 반작용을 어떤 식으로 이해하는가에 따라 두 가지 이론이 있다.

첫 번째는 운동량 이론이다. 풍선이 입구에서 공기를 분사하며 날아오르는 원리처럼 프로펠러가 공기에 압력을 가해 후방을 밀어내면 그 반작용으로 전진하는 추력이 발생한다는 논리다. 두 번째는 익소(翼素) 이론이다. 회전 날개라고도 불리는 프로펠러가 공기를 가르면 양력이 생기는데, 이 양력이 비행기를 전진시키는 추력이 된다는 논리다.

프로펠러와 힘의 관계

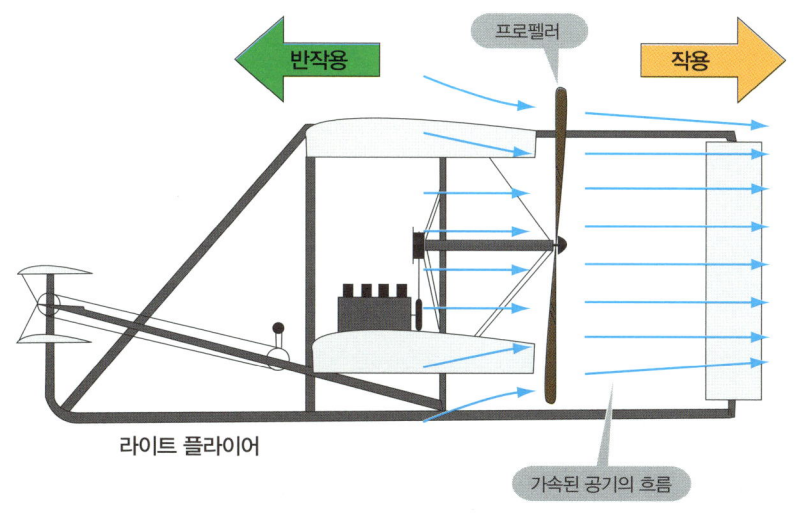

프로펠러가 만들어내는 추력을 설명하는 두 가지 이론
- 프로펠러가 공기에 압력을 가해 후방을 밀어내는 힘에 대한 반작용
- 프로펠러가 공기를 가를 때의 반작용으로 발생하는 양력

작용 반작용의 법칙
- A가 B에 힘*을 가하면 동시에 B도 A에 동일한 크기의 힘을 역방향으로 가한다.
※ 힘 : 속도(빠름의 정도와 진행 방향)를 바꾸는 것.

리시프로 엔진

프로펠러를 돌리는 엔진

2-03

라이트 형제의 첫 동력 비행 이전인 19세기 후반에는 고무 동력이나 증기 기관으로 구동하는 프로펠러 모형 비행기가 비행했다는 기록이 있다. 하지만 이런 기술로 사람을 태우기는 무리였고 다만 독일의 니콜라스 오토(Nicolaus Otto)가 리시프로케이팅 엔진(왕복 기관, 피스톤 엔진)을 실용화하면서 비행 가능성을 점쳐볼 수 있었다.

항공 업계에서 약어로 리시프로(recipro)라고 부르는 엔진의 구조를 살펴보면 다음과 같다. 먼저 실린더가 연료와 공기가 섞인 기체를 흡입하면 이 혼합 기체가 압축되고 그 결과 온도가 상승한다. 이렇게 압축된 혼합 기체를 연소하여 팽창할 때 생기는 에너지로 피스톤을 밀어낸다. 그리고 그다음 행정(行程)을 위해 연소 가스를 실린더에서 배출한다. 리시프로 엔진은 이런 식으로 흡입·압축·팽창·배기의 과정을 반복하면서 열에너지를 생성하는 내연 기관이다.

이렇게 피스톤이 4회 상하 운동(stroke)을 하면 회전축이 2회전하여 한 번의 사이클이 완성되는 엔진을 4스트로크 엔진 또는 4사이클 엔진이라고 한다. 리시프로 엔진은 그 당시까지 대표적인 동력원이었던 증기 기관에 비해 증기를 기다리거나 빈번히 물을 보급해줄 필요가 없어 한결 간편했다. 무엇보다 소형이면서 경량인 데 비해 출력이 좋아서 다양한 분야에서 주역으로 떠올랐다.

이런 일정한 용기 내에서 열을 가하는 사이클을 오토(Otto) 사이클이라고 한다. 참고로 제트 엔진의 가열은 일정한 압력을 가하면서 이루어지는데 이를 미국의 조지 브레이턴(George Brayton)의 이름을 붙여 브레이턴 사이클이라고 부른다.

리시프로 엔진의 구조

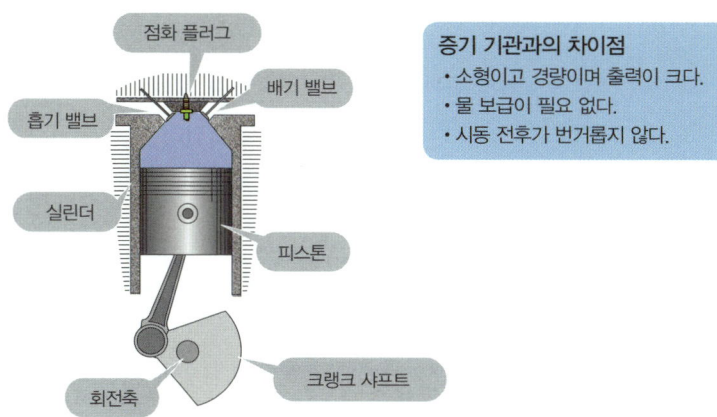

증기 기관과의 차이점
• 소형이고 경량이며 출력이 크다.
• 물 보급이 필요 없다.
• 시동 전후가 번거롭지 않다.

피스톤이 4회(4스트로크)의 상하 운동을 하면 회전축이 2회전하여 1사이클이 완성된다. 이와 같은 사이클로 작동하는 엔진을 오토 사이클이라고 부른다. 엔진을 발명한 독일의 니콜라스 오토의 이름을 붙인 것이다.

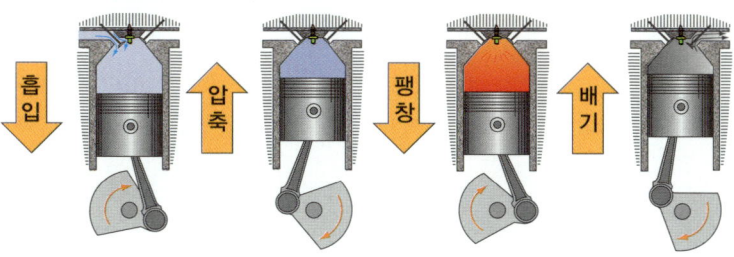

리시프로 엔진과 프로펠러

보다 빠르게, 보다 높게 날자

2-04

라이트 형제의 첫 동력 비행 이후 1950년경까지 약 반세기 동안 리시프로 엔진과 프로펠러가 비행기의 유일한 조합이었다. 이 조합의 시초라고 할 수 있는 라이트 플라이어는 실린더 네 개를 직렬로 연결한 4기통 엔진을 사용했다. 실린더를 이런 식으로 연결하면 진동이 줄고 마력이 올라가 효율적인 회전을 기대할 수 있다. 예를 들어 피스톤의 상하 운동으로 발생하는 진동은 실린더의 사이클 주기를 조절하면 없앨 수 있다. 연결 방식은 직렬, V자, 별 모양 등 다양하게 고안되었다.

여객기 엔진에는 진동 감소에 탁월한 별 모양 배치가 폭넓게 사용되었다. 그 대표적인 예는 1947년 첫 취항에 성공한 더글러스(Douglas) DC-6으로 리시프로 엔진을 탑재한 최후의 걸작이라고 불린다. 엔진은 P&W(Pratt & Whitney)사의 R-2800 더블 와스프(Double Wasp)였고, 별 모양으로 배치한 아홉 개의 실린더를 2열로 구성하여 총 열여덟 개의 실린더를 장착했다. 출력은 무려 2,500마력이었다.

여객기는 보다 많은 승객을 태우고 보다 멀리, 보다 빨리, 보다 높이 비행하기를 추구해왔다. 리시프로 엔진과 프로펠러의 조합은 1인승 라이트 플라이어를 시작으로 보다 많은 사람을 태우고 보다 멀리 비행할 수 있게 해주었다. 그러나 보다 빨리, 보다 높이 나는 일은 리시프로 엔진과 프로펠러 조합으로는 한계가 있었다. 그 한계가 무엇인지는 다음 장에서 알아본다.

항공용 리시프로

라이트 플라이어
최대 고도 : 9m
순항속도 : 50km/시

직렬 4기통
12마력 1,000회전

체인을 이용해 프로펠러를 회전

더글러스 DC-6
최대 고도 : 7,620m
순항속도 : 500km/시

P&W사의 R-2800
별 모양의 18기통 엔진
2,500마력

아홉 개의 기통(실린더)이 2열로 배열된 18기통 엔진

리시프로 엔진의 한계

2-05

비행고도와 리시프로 엔진의 관계

비행기가 보다 높은 비행고도를 추구하는 이유는 구름이나 바람 등 날씨 영향을 최소화할 수 있고, 고도가 높을수록 공기저항이 작아 연비를 개선할 수 있기 때문이다. 하지만 리시프로 엔진은 비행고도가 상승할수록 출력이 급격히 감소하는 치명적인 결점이 있었다. 왜 이런 문제가 발생하는지 알아보자.

엔진은 공기와 혼합한 연료를 연소해 출력을 만든다. 그 혼합비를 공연비라고 하며 가솔린은 14~15 : 1이다. 즉, 공기 무게 14~15 정도에 연료 무게 1의 비율로 연소하는 것이 이상적이다.

비행고도가 높아지면 공기도 희박해지기 때문에 실린더가 흡입하는 공기량은 동일하더라도 그 무게는 가벼워진다. 이상적인 공연비를 지키려면 가벼워진 공기만큼 연료의 무게도 줄여야 한다. 이 때문에 고도가 높아지면 출력이 떨어지는 것이다.

실린더 크기를 키우면 출력이 좋아지지만 엔진 자체가 필요 이상으로 무거워진다. 그래서 실린더 안으로 압축공기를 강제로 주입하는 방법을 생각하게 되었다. 그 장치가 오른쪽 그림에 나와 있는 슈퍼차저(supercharger. 과급기)다. 이 장치를 이용하면 엔진의 크기를 바꾸지 않고 출력을 높일 수 있다. 터보란 터빈으로 움직이는 장치를 의미하는 접두어로 이 터보차저(turbocharger) 기술이 향후 제트 엔진에 큰 영향을 준다.

터보차저의 구조

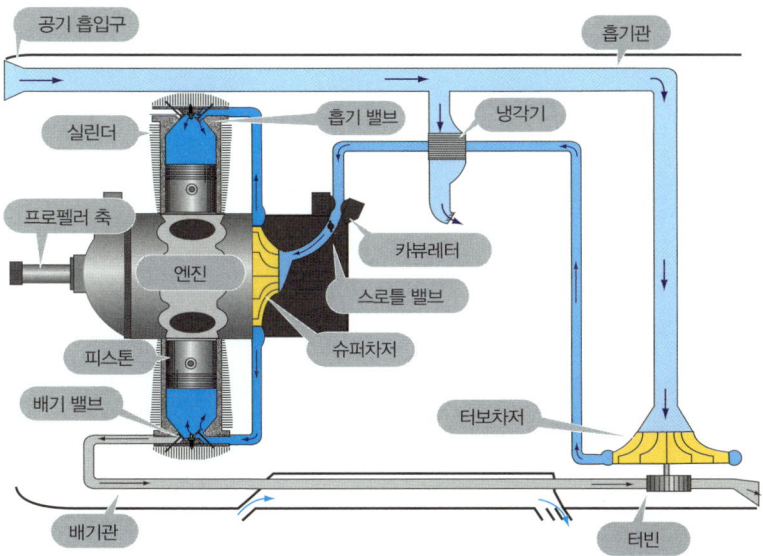

- **슈퍼차저(과급기)**
  높은 비행고도에서 리시프로 엔진의 출력 저하를 보완하기 위해 흡입 공기를 압축하여 공급하는 장치다.

- **터보차저**
  연소 배기가스를 이용하여 회전하는 터빈으로 압축기를 구동하는 슈퍼차저다.

- **터빈**
  고압가스, 수력, 풍력, 증기 등의 에너지를 회전하는 날개를 이용하여 기계적 운동으로 변환하는 장치다.

프로펠러의 한계

프로펠러의 회전 속도와 비행 속도

비행기가 보다 빠른 비행 속도를 추구하는 이유는 목적지까지 도착하는 소요 시간을 단축하기 위해서다. 하지만 프로펠러는 비행 속도가 빨라지면 효율이 급격히 나빠지는 단점이 있다.

프로펠러가 회전할 때 공기를 가르는 속도는 날개 중심부와 끝부분에서 큰 차이를 보인다. 그래서 프로펠러는 공기가 표면을 부드럽게 흘러갈 수 있도록 만들어져 있다. 다시 말해 프로펠러의 어느 부분이든 공기를 가르는 각도가 최적화되도록 날개 중심부터 끝부분에 걸쳐 적절히 휘어져 있다. 또 공기저항을 최소화하기 위해 끝부분으로 갈수록 얇아진다.

하지만 이렇게 다양한 날개 디자인을 적용해도 프로펠러가 빨리 회전하면 효율은 급격히 나빠졌다. 그 이유는 프로펠러가 공기를 가르는 속도, 특히 끝부분의 속도가 음속을 넘어서기 때문이다. 음속을 넘어서면 프로펠러에 충격파가 발생하는데 이때 공기저항이 급격히 커진다. 엔진이 전력을 다해도 프로펠러는 급증한 공기저항에 대응하기 바빠서 본래 역할인 추력은 급격히 떨어지고 마는 것이다.

또한 프로펠러의 회전 속도를 제어한다고 해도 비행 속도 자체가 마하 0.6(음속의 60퍼센트, 700km/시)에 도달하면 오른쪽 그림처럼 공기를 가르는 상대 속도가 음속을 넘어서기 때문에 마찬가지로 프로펠러의 효율이 떨어진다.

프로펠러 날개 끝의 속도

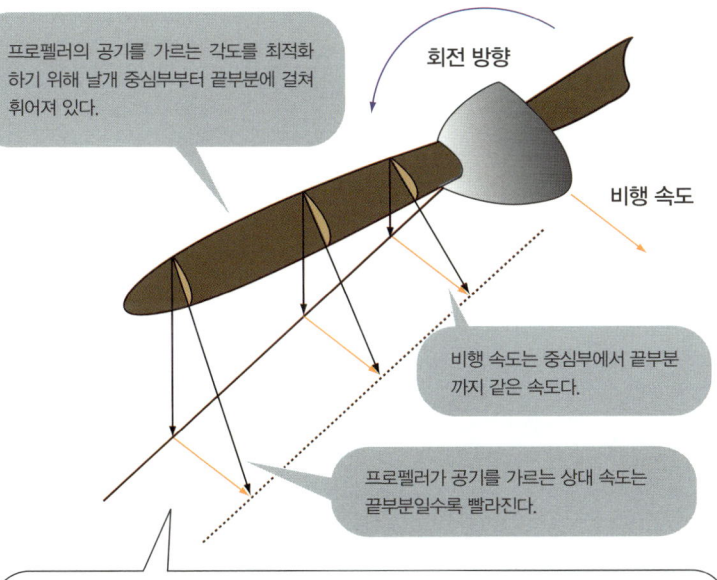

프로펠러의 공기를 가르는 각도를 최적화하기 위해 날개 중심부부터 끝부분에 걸쳐 휘어져 있다.

회전 방향

비행 속도

비행 속도는 중심부에서 끝부분까지 같은 속도다.

프로펠러가 공기를 가르는 상대 속도는 끝부분일수록 빨라진다.

프로펠러가 공기를 가르는 속도가 마하 1.0을 넘지 않도록 회전 속도를 제한해도 비행 속도가 마하 0.6 이상이면 프로펠러 끝부분이 공기를 가르는 상대 속도는 마하 1.0을 넘는다.

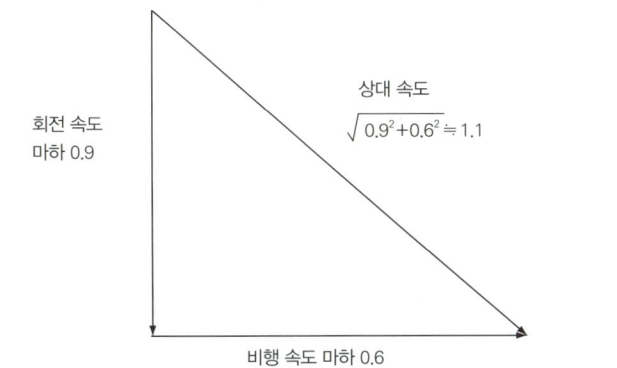

회전 속도
마하 0.9

상대 속도
$\sqrt{0.9^2 + 0.6^2} \fallingdotseq 1.1$

비행 속도 마하 0.6

터보프롭의 출현

리시프로의 결점을 극복하다

프로펠러 여객기는 활주로가 짧아도 이착륙할 수 있고 소음이 비교적 적으며 연비(燃費)가 낮기 때문에 소규모 공항이나 근거리용에 적합하다. 하지만 아무리 터보차저가 장착된 리시프로 엔진을 탑재한 비행기도 고도가 높아지면 출력이 떨어진다. 따라서 빨리 날 필요가 없더라도 고고도로 비행하기 위해서는 리시프로 이외의 엔진을 이용해야 한다.

비행고도에 따른 엔진의 출력 저하를 막기 위해서는 공기가 희박해도 공연비가 저고도 때와 동일하도록 공기를 주입해야 한다. 다시 말해 엔진 내부에 주입하는 공기량이 아니라 무게를 늘려야 한다. 이 같은 필요성 때문에 실린더와 같이 양이 정해진 용기에 공기를 주입하여 연소하는 방식이 아니라, 대량의 공기를 흡입하여 압축한 후 알맞은 비율의 연료를 섞어서 연속적으로 연소하는 방식인 가스 터빈 엔진이 발명되었다.

가스 터빈 엔진은 일단 대량의 공기를 연속으로 흡입하여 압축한다. 그리고 압축된 공기의 무게를 고려해서 이상적인 비율로 연료를 분사하여 연속적으로 연소한다. 이때 발생하는 고온·고압의 가스는 터빈을 회전시켜 동력을 만든다. 특히 프로펠러를 돌리는 가스 터빈 엔진을 터보프롭(turboprop)이라고 한다.

세계 최초의 프로펠러 여객기용 터보프롭은 롤스로이스(Rolls-Royce)사의 다트(Dart) 엔진이다. 터보프롭은 동일 출력의 리시프로에 비해 무게가 절반이나 가볍기 때문에 비행고도를 극복하는 일뿐만 아니라 엔진 경량화에도 큰 공헌을 했다.

세계 최초의 터보프롭을 탑재한 여객기

영국 빅커스(Vickers)사의 바이카운트(Viscount) (그림은 800 시리즈)
최대 고도 : 7,620m
순항속도 : 270노트(500km/시)
첫 비행 1948년, 1960~1970년에 일본에서 활약

롤스로이스사의 다트 엔진 (그림은 마크 510이며 1,740마력)
YS-11, 바이카운트, 포커(Fokker) F28 이 외에 많은 비행기가 채용(현재도 사용되고 있다)

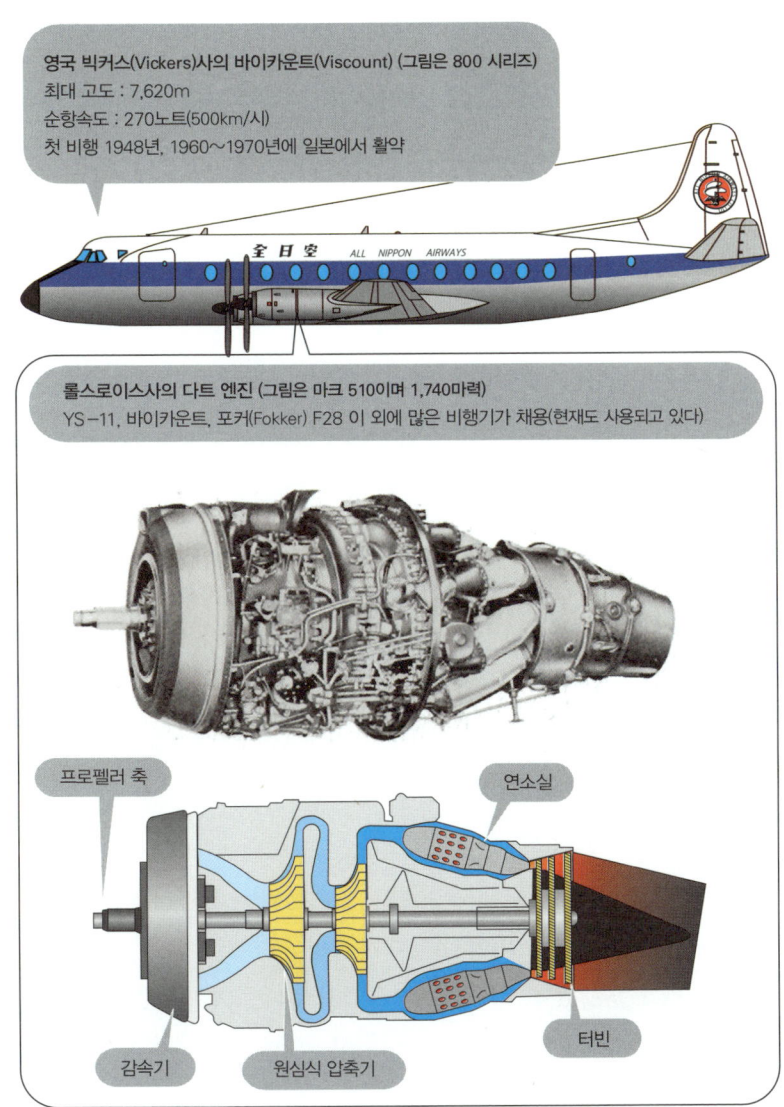

프로펠러 축
연소실
감속기
원심식 압축기
터빈

터보 엔진

제트 여객기의 등장

2-08

터보프롭을 탑재한 프로펠러 여객기가 첫 비행에 성공하고 반년 후인 1958년에 터보 엔진을 탑재한 제트 여객기 보잉707이 출현한다. 제트 여객기의 등장으로 비행 속도는 비약적으로 발전했으며 이전보다 두 배 빠른 속도로 비행할 수 있게 되었다.

터보 엔진은 터보프롭과 마찬가지로 가스 터빈 엔진에 속한다. 열에너지를 회전 운동뿐만 아니라 속도 에너지로도 바꿔 추력을 발생시키는 엔진이다.

공기를 흡입하여 압축하고 그것을 연소시켜 고압·고온의 가스를 만든 다음에 그 에너지로 터빈, 즉 압축기를 회전시킨다. 이뿐만 아니라 여분의 에너지를 속도 에너지로 변환하는데, 가스를 후방으로 고속 분사해서 생기는 반동으로 추력을 만드는 것이다. 압축기의 회전에만 모든 에너지를 사용하면 분사 가스는 '산들바람' 수준에 그친다. 그래서 효율적인 압축을 위해 압축기는 원심식이 아니라 저압용과 고압용으로 나눈 축류식(軸流式)이다. 저압, 중압, 고압으로 나눈 엔진도 있다.

보잉707이 첫 비행에 성공한 후 이듬해인 1959년에는 하늘의 귀부인으로 불리던 더글러스 DC-8도 같은 엔진으로 첫 비행에 나선다. 하지만 1960년대에 접어들면서 소음이 크고 비행 속도가 음속의 80퍼센트 수준으로 연비가 나쁘다는 이유로 터보팬(turbofan)에 자리를 내어준다. 다만 터보제트는 비행 속도가 빠를수록 효율이 좋아지는 성질이 있어 콩코드(Concord)와 같은 초음속 여객기(SST, Supersonic Transport)에는 여전히 유효한 엔진이었다.

터보 엔진을 탑재한 대표적인 여객기

보잉707(그림은 B707-120)
최대 고도 : 1만 1,900m
순항속도 : 520노트(963km/시)
첫 비행 : 1958년

P&W사의 JT3C-6 터보제트
최대 추력 : 13,500파운드(6,100kg)

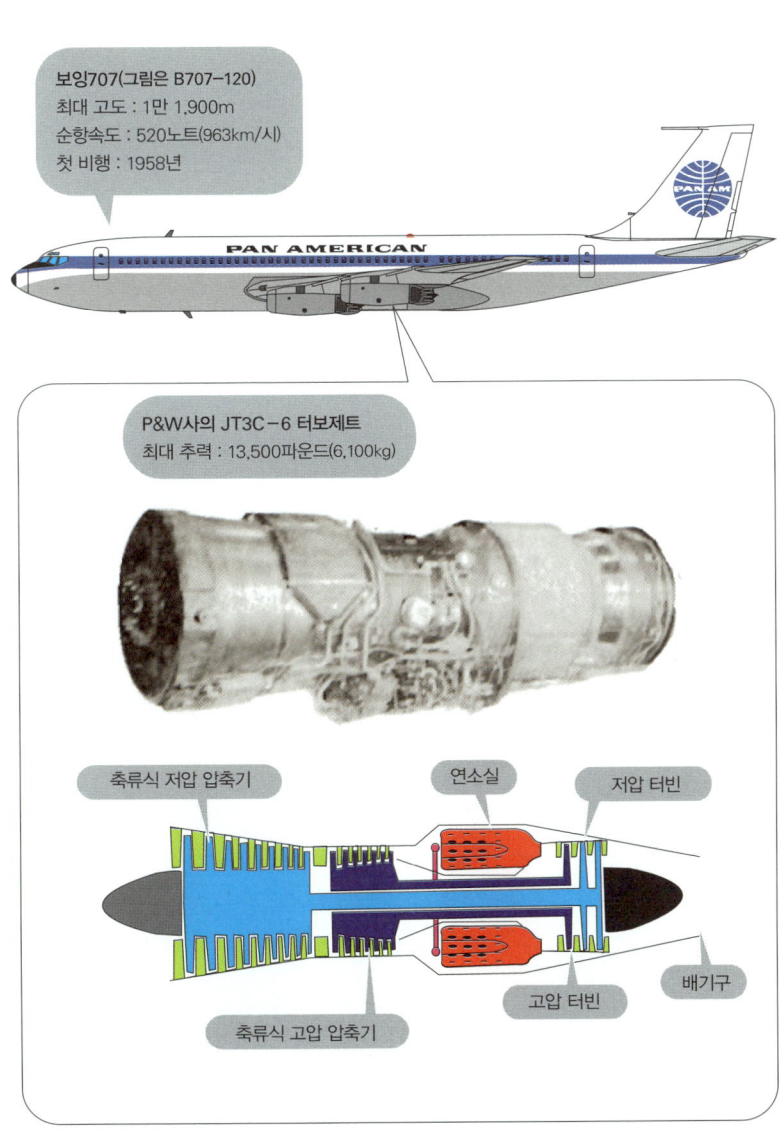

터보팬

연비 향상과 소음 감소

터보제트의 등장으로 성층권(고도 1만 1,000m 이상)에서도 초음속 비행이 가능해졌다. 그렇지만 음속보다 빨리 비행하기 위해서는 소리의 벽(sonic wall) 이외에도 많은 장애를 뛰어넘어야 한다. 음속에 가까워지면 공기저항이 급격히 증가해 연비가 극단적으로 나빠지기 때문에 제트 여객기의 순항속도는 일반적으로 마하 0.8 전후(시속 900km 전후)였다.

터보팬은 터보 엔진에 팬(송풍기)을 장착한 엔진으로 경제속도가 중요한 제트 여객기를 위해서 연비 향상과 소음 경감을 목표로 개발되었다. 일반적으로 제트 엔진은 터보팬 또는 터보제트를 말한다.

터보팬은 터보프롭과 터보제트의 이점만을 합친 엔진이다. 팬은 프로펠러처럼 노출되어 있지 않고 팬 덮개로 덮여 있다. 이런 구조 때문에 터보팬의 추력은 팬이 만드는 추력과 엔진 내부에서 연소한 가스 에너지가 만드는 추력이 합산된다. 참고로 터보프롭 엔진 중에도 모든 에너지를 프로펠러 회전에 사용하지 않고 후방으로 분사하여 10퍼센트 정도의 추력을 얻는 엔진도 있다.

어쨌든 터보팬의 출현으로 연비가 크게 개선되었는데, 예를 들어 같은 DC-8 기종이라도 터보 엔진의 탑재 여부에 따라 2,000km가량 비행 거리에 차이가 났다. 그리고 팬이 후방으로 보낸 공기가 엔진 내부에서 분사하는 가스의 소음을 감싸주기 때문에 소음 경감에도 상당한 효과가 있었다.

터보팬을 탑재한 대표적인 여객기

더글러스 DC-8 (그림은 DC-8-53)
최대 고도 : 1만 1,900m
순항속도 : 460노트(852km/시)
첫 비행 : 1959년
1960~1972년에 일본에서 활약

P&W사의 JT3D 터보팬
최대 추력 : 18,000파운드(8,160kg)

팬
축류식 저압 압축기
연소실
저압 터빈
축류식 고압 압축기
고압 터빈
배기구
팬 입구 안내 날개

49

중단거리 제트 여객기

2-10

이제는 제트 시대

'꿈의 제트기'라고 불리던 보잉727의 일본 첫 비행은 1964년이었다. 삿포로, 도쿄, 오사카, 후쿠오카, 나하와 같은 주요 도시는 물론이고 지방 공항에도 취항하여 고도성장의 물결과 함께 '일본의 푸른 하늘'을 누볐다. 그 후 보잉737-200, 더글러스 DC-9-40 등 잇달아 다양한 기종이 취항했지만 엔진은 모두 P&W사의 JT8D였다.

JT8D의 팬을 통과하는 공기와 엔진 내부로 흡입하는 공기의 비율인 바이패스비(bypass比)는 1.1이다. 즉, 팬을 통과하는 공기가 엔진 내부로 들어가는 공기보다 1.1배 많아서 팬이 만드는 추력이 더 크다는 특징이 있다. 오늘날 터보팬의 바이패스비는 10.0 정도로 팬이 만드는 추력은 전체의 75퍼센트 이상이다.

제1세대 제트 여객기인 보잉707이나 DC-8 이후 보잉727, 보잉737, 더글러스 DC-9 등 제2세대 여객기가 일본에 도입되면서 항공로, 공항, 항공 보안 시설(무선 보안 시설 등 비행기 운항을 지원하기 위한 시설), 항공 회사의 운항 태세 등이 일제히 재정비되었다.

보잉727은 일본에서 본격적인 제트 시대를 연 여객기로, '제트 여객기는 빠르다'라고 홍보하면서 한때 순항속도를 굉장히 빠르게 설정하기도 했다. 예를 들어 지금은 도쿄-오사카 간 비행 소요 시간이 1시간 10분으로 설정되어 있는데 비해 취항 당시는 50분이나 26분 만에 비행했다는 기록도 있다. 그러나 지금은 이 기록을 갱신하기에는 무리라고 생각한다.

제2세대 제트 여객기

보잉727-100

보잉727-200

보잉737-200

더글러스 DC-9-40

P&W사의 JT8D 터보팬
최대 추력 : 14,000~17,400파운드(6,350~7,890kg)

- 저압 압축기
- 고압 압축기
- 고압 터빈
- 팬 배기 덕트
- 팬
- 터빈 배기 덕트
- 팬 입구 안내 날개
- 연소실
- 저압 터빈

2-11 점보제트기의 도입

비행기 성능은 엔진에 따라 다르다

일본의 경우 보잉727, 더글러스 DC-9 등 제트 여객기가 거듭 도입되는 가운데 1970년에 '점보제트'(Jumbo Jet)라는 보잉747이 취항하면서 본격적인 대량 운송 시대가 열렸다.

보잉747-100의 최대 이륙 중량(이륙 가능한 최대 무게)은 약 333톤인데, 이는 보잉727의 최대 이륙 중량인 78톤에 비해 네 배 이상 큰 수치다. 다시 말해 보잉727의 최대 이륙 중량은 보잉747-100이 호놀룰루까지 비행할 때 소비하는 연료 무게 정도에 불과하다는 것이다.

이런 무게로 비행이 가능했던 이유는 최대 이륙 추력이 21톤인 JT9D가 개발되면서부터다. 이는 최대 이륙 추력이 6.4톤인 JT8D보다 세 배나 크다. 또한 4발기인 보잉747-100은 합계 추력이 84톤(21×4)이고 3발기인 보잉727의 합계 추력은 19.2톤이어서 추력 면에서도 네 배 이상 차이가 났다. 그 결과 네 배 이상 무겁더라도 이륙할 수 있었다.

이렇게 큰 추력을 발휘할 수 있었던 이유는 팬이 커졌기 때문이다. JT8D는 팬 직경이 1m이지만 JT9D는 약 2.4m다. 또 바이패스비도 5.0으로 커졌다. 이때부터 터보팬 엔진을 터보를 빼고 그냥 팬 엔진이라고 불렀다.

1970년대 후반에는 이착륙이 빈번한 국내선용으로 바퀴 부분을 강화한 보잉747SR(Short-Range)이 취항했다. 국내선 전용이기 때문에 최대 이륙 중량은 가벼워도 최대 추력은 거의 동일한 수준이었다. 그래서 엔진 내구성을 강화하고 소음과 이륙 시 급가속에 의한 불쾌감을 줄이기 위해 최대 추력보다 낮은 추력(10~25퍼센트 감소)으로 운항했다.

점보제트기를 대표하는 보잉747

보잉747-100
최대 이륙 중량 : 약 333톤
취항 : 1970년

P&W사의 JT9D-7A
최대 추력 : 21톤
바이패스비 : 5.0

팬 직경 : 약 2.4m

보잉747SR
최대 이륙 중량 : 259톤
취항 : 1978년

제너럴일렉트릭(General Electric)사의 CF6-45A2
최대 추력 : 20.6톤
바이패스비 : 4.2

팬 직경 : 약 2.5m

와이드보디기의 등장

2-12

객석 통로를 2열로 개선

점보제트기가 취항한 1970년대에는 점보제트기와 보잉727 사이에서 자리매김한 300인승 규모의 와이드보디(Wide-Body)기도 등장한다.

와이드보디기란 객석 통로가 두 개이며 마루 밑 화물칸에 두 개의 컨테이너가 횡렬로 자리 잡은 비행기로 동체가 넓었다. 대표적인 여객기로는 록히드(Lockheed) L-1011, 더글러스 DC-10, 에어버스(Airbus) A300이 있다. A300의 300은 좌석, 즉 표준 사양상 300인승 여객기라는 의미다.

그런데 3발기인 L-1011과 DC-10은 각각 중앙 엔진을 장착하는 방식 때문에 문제점이 있었다. L-1011은 S자 덕트라는 공기 흡입구가 있고 동체 뒤 끝부분에 엔진을 탑재하는 형태다. 이 S자 덕트 방식은 덕트 내부가 급커브를 이루고 있어 공기 흐름이 흐트러지기 쉬웠는데, 이는 엔진 안정성을 저해하는 요인이었다. 그리고 DC-10은 엔진이 동체의 등 쪽에 장착되기 때문에 중앙 엔진이 고장 나면 기수 내림 모멘트(moment)를 잃어버려 세로 방향의 안정성이 크게 떨어지는 위험이 있었다.

물론 두 기종 모두 이런 위험을 방지하는 대책은 마련되어 있었다. 하지만 중앙 엔진이 높은 곳에 장착되어 있어 정비에 어려움이 있었고, 제트 엔진의 연료가 등유에 가까워서 가솔린에 비해 저렴했지만 오일쇼크 같은 경제 위기를 이겨내지 못해 쌍발기만 남고 3발기는 사라졌다. 1981년 록히드사가 민간기 제작에서 철수하고, 더글러스사는 1997년에 보잉사에 흡수 합병되었다.

대표적인 와이드보디기

록히드 L-1011
일본 취항 : 1974년
최대 이륙 중량 : 195톤
롤스로이스사의 RB211-22B
42,000파운드(1만 9,050kg)×3

더글러스 DC-10-40
일본 취항 : 1976년
최대 이륙 중량 : 251.7톤
P&W사의 JT9D-59A
53,000파운드(2만 4,040kg)×3

에어버스 A300B2
일본 취항 : 1981년
최대 이륙 중량 : 150톤
제너럴일렉트릭사의 CF6-50
51,000파운드(2만 3,100kg)×2

쌍발기의 전성시대

2-13

쌍발기와 대양 횡단 비행

1980년대 항공 업계는 4발기 또는 3발기 대신 쌍발기가 주류를 이룬다. 그 이유는 엔진 성능과 신뢰성의 향상, 규제 완화 때문이었다.

보잉747, 더글러스 DC-10, 에어버스 A300 등에 사용되던 CF6-50 시리즈 엔진을 개선하여 CF6-80 시리즈 엔진이 개발되었는데, 바이패스비와 저압 압축기의 단수(압축기 날개의 열)를 늘려서 추력을 키웠다. 이 엔진은 보잉767에 탑재되었다.

1985년에는 ETOPS라는 쌍발기의 장거리 진출 운항에 대한 비행 제한 시간 규정이 완화되어 보잉767도 대서양 횡단이 가능해졌다. 리시프로 엔진 시대에는 엔진 고장에 대비해 고장이 나면 60분 이내에 긴급 착륙을 할 수 있는 비행 노선만 운항이 가능했다. 하지만 제트 엔진이 일반화되면서 ETOPS-120 규정이 만들어졌고, 120분으로 제한 시간이 연장되었다. 이후 1989년에는 120분에서 180분으로 늘어났고 태평양 횡단도 가능해졌다.

1990년대에 들어서는 롤스로이스사의 RB211 엔진을 기반으로 팬 직경을 키우고 압축기와 터빈 단수를 늘려서 성능을 개선한 트렌트(trent) 엔진이 개발되었는데, 이를 탑재한 쌍발기 에어버스 A330이 취항하여 쌍발기가 주류로 자리 잡았다. 국제선용 여객기는 3발기 또는 4발기였지만 ETOPS-180 규정이 적용되면서부터 3발기는 완전히 자취를 감추었다. 참고로 ETOPS-180 규정은 2017년 현재 EDTO로 변경되어 적용 중이다.

대표적인 쌍발기

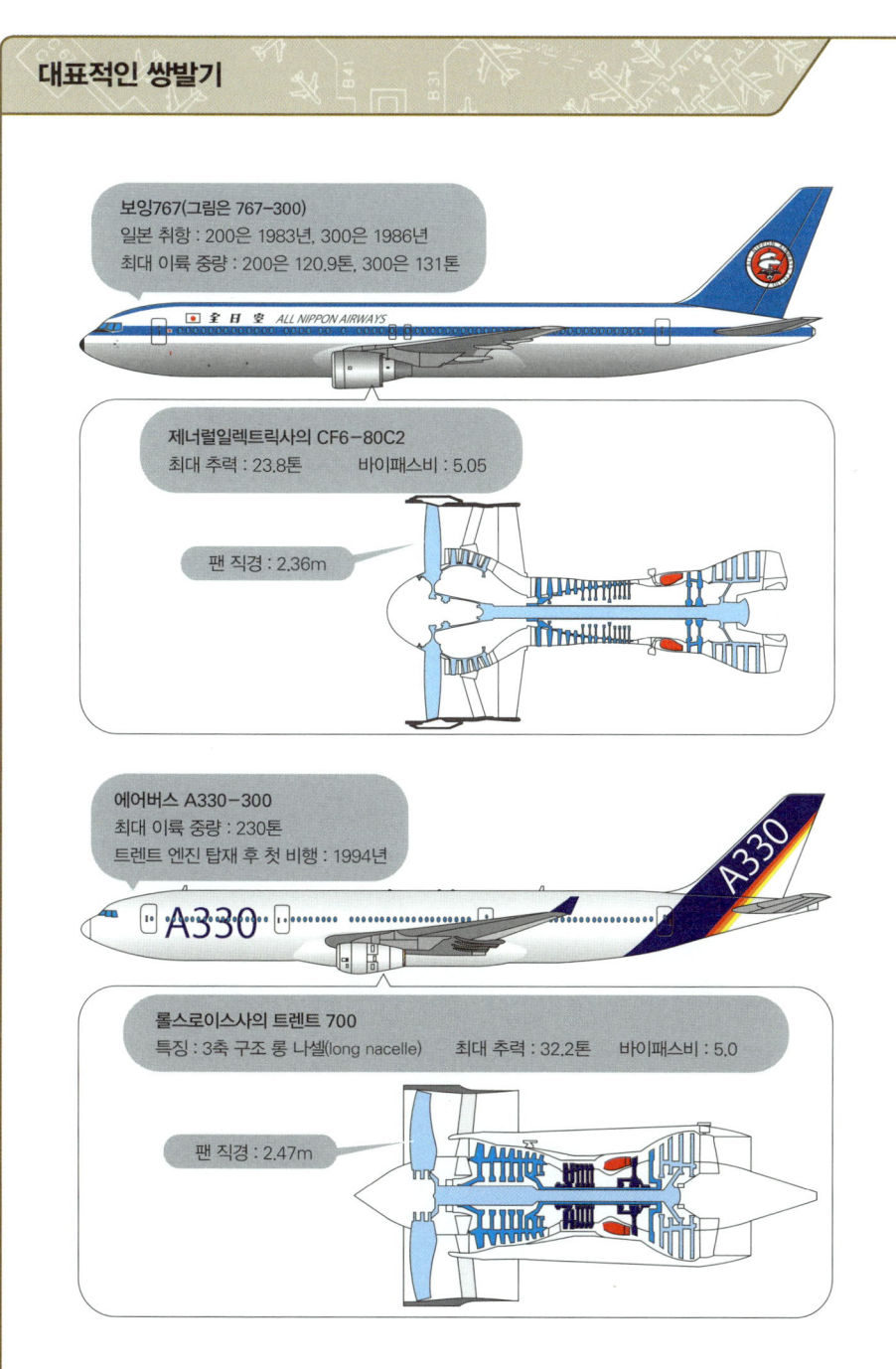

세계 최대의 쌍발기

세계 최대의 추력을 내다

2-14

21세기에 접어들면서 세계 최대급 여객기와 엔진이 등장했다. 바로 보잉777 시리즈인데 세계 최대의 쌍발기인 보잉777-300ER이 2003년 첫 비행에 성공한다.

보잉777-300ER의 엔진은 GE90-115B로 최대 추력이 52.3톤이다. 이는 보잉747-100의 엔진인 JT9D보다 자그마치 두 배나 되는 힘이다. 다시 말해 쌍발기가 4발기인 747의 최대 이륙 중량 이상의 무게를 버티며 비행할 수 있는 것이다. GE90-115B는 공기 역학적 측면을 강조하여 설계되었으며 큰 후퇴각을 가진 팬과 3차원 날개라고 불리는 압축기 날개를 채용하여 세계 최대의 출력을 낼 수 있다.

다만 문제는 엔진 한 개당 추력이 너무 크기 때문에 엔진 하나가 고장 나면 자칫 좌우 균형이 크게 무너질 수 있다는 점이다. 그래서 엔진 고장을 대비해 좌우 엔진의 추력 차이를 감지하여 비행기가 엉뚱한 방향으로 향하지 않도록 자동 제어하는 TAC(추력 비대칭 보정)라는 조종 장치가 고안되었다. 보잉747에 비해 엔진 수가 절반이기 때문에 연비도 뛰어난데, 50퍼센트 수준까지는 아니지만 80퍼센트 이하였다.

보잉777-300ER의 화물칸은 보잉747보다 10퍼센트 이상 넓어서 연비나 좌석 수뿐만 아니라 화물 운송에도 효과적이었다. 상황에 따라서는 탑승 여객보다 탑재 화물이 더 무거운 경우도 있는데, 생선 같은 신선 식품이나 긴급 화물 등 제트 여객기의 이점을 살린 신속한 운송을 원하는 수요가 커졌기 때문이다. 보잉777-300ER은 이런 시장 상황에도 부응한 여객기였다.

보잉 777-300ER

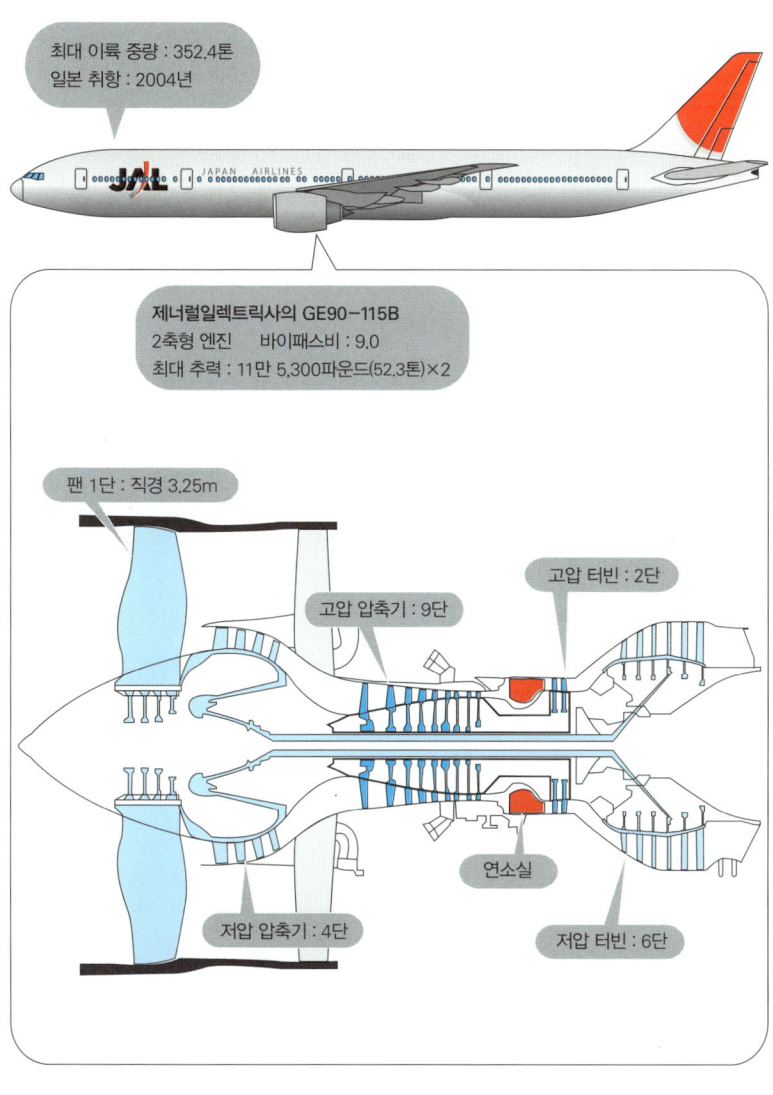

세계 최대의 여객기

엔진 위치의 비밀

세계 최대의 쌍발기가 취항하고 몇 년 지난 2007년에는 세계 최대의 여객기인 에어버스 A380이 취항했다. 에어버스 A380은 이코노미 좌석만으로 구성하면 800인승 이상이고 세 개의 클래스(퍼스트, 비즈니스, 이코노미)로 나누면 500인승 이상이다. 게다가 인당 전용 면적도 가장 넓다.

A380에 탑재된 대표적인 엔진은 롤스로이스사의 트렌트 900이다. 3축형 엔진으로 저압, 중압, 고압의 압축기가 장비되어 있다. 최대 추력은 34.7톤이며 바깥쪽 엔진이 동체 중심선에서 25.7m나 떨어져 있기 때문에 좌우 추력의 균형을 고려해 착륙 시에 사용하는 엔진 역분사 장치는 내측 엔진에만 달려 있다. 참고로 기종별 동체 중심선과 엔진 사이의 거리를 살펴보면 같은 4발기인 보잉 747-400은 20.83m, 쌍발기인 에어버스 A330은 9.37m, 보잉777-300ER은 9.61m이다.

비행기의 무게는 날개가 지탱한다. 그래서 지탱하는 힘을 만드는 양력과 비행기의 무게가 맞닿아 있는 날개 연결부에는 큰 힘이 작용한다. 그 힘을 완화하는 데 엔진 자체의 무게가 큰 도움이 된다. 다시 말해 엔진이 누름돌의 역할을 하는데, 날개 끝 쪽으로 갈수록 그 역할이 커진다. 하지만 엔진이 동체 중심선에서 많이 떨어질수록 엔진 고장이 발생했을 때 좌우 엔진의 추력 차이에 따른 영향이 커지는 문제가 있다. 반면 엔진이 날개 연결부에 너무 가까이 위치하면 누름돌의 역할이 줄어들 뿐만 아니라 활주로와의 간격도 좁아져 이륙 시 비행기가 조금만 기울어져도 지면과 접촉 사고를 일으킬 위험이 있다. 이렇게 엔진의 위치는 여러 가지 이유를 고려하여 결정한다.

에어버스 A380-800

최대 이륙 중량 : 562톤(옵션 571톤)
취항 : 2007년

롤스로이스사의 트렌트 900
3축형 엔진   바이패스비 : 8.7
최대 추력 : 76,500파운드(34.7톤)×4

저압 압축기(팬) : 1단(직경 2.95m)

고압 압축기 : 6단

고압 터빈 : 1단

연소실

중압 압축기 : 8단

중압 터빈 : 1단

저압 터빈 : 5단

초음속 여객기(SST)

2-16

음속의 한계를 뛰어넘다

여객기가 음속을 넘어선 해는 콩코드가 취항한 1976년이지만 2003년에 콩코드가 은퇴한 후 초음속 여객기는 나타나지 않고 있다. 그 이유는 무엇일까?

초음속 여객기는 속도 제로에서 초음속까지 폭넓은 속도에 대응하기 위해 델타(delta)라는 삼각형 날개를 채용했다. 이 때문에 다른 여객기와 모양이 크게 다르다.

엔진도 마찬가지다. 초음속으로 비행하면 엔진이 분출하는 가스의 속도도 초음속 이상으로 빨라야 한다. 이때는 배기구를 좁히는 것이 아니라 넓혀야 한다. 음속 비행 중에는 공기가 흐르는 성질이 변하기 때문에 배기구를 넓히지 않으면 가속할 수 없다. 로켓 엔진의 배기구가 넓게 열려 있는 것도 이런 이유 때문이다. 그러나 비행 속도가 음속 이하라면 배기구를 좁혀야 하기 때문에 초음속 비행기에는 배기구가 변하는 가변 배기 덕트가 필요하다. 또한 비행 속도가 음속에 도달하면 공기저항이 급격히 커지는, 이른바 소리의 벽을 넘기 위해 일시적으로 추력을 높여야 한다. 그래서 리히트(reheat. 재가열 장치. 제너럴일렉트릭사 엔진의 경우 afterburner라고 함)라는 추력 증강 장치도 필요하다.

이와 같이 일반적인 제트 여객기에 비해 '비용의 벽'이 상당히 높다. 또 터보엔진 특유의 이착륙 소음과 비행기가 음속을 넘을 때 발생하는 충격파인 소닉붐(sonic boom)이 지상에까지 영향을 미치기 때문에 초음속 비행은 바다 위 비행으로만 한정하는 등 '소음의 벽'도 넘어야 하는 어려움이 있다.

콩코드

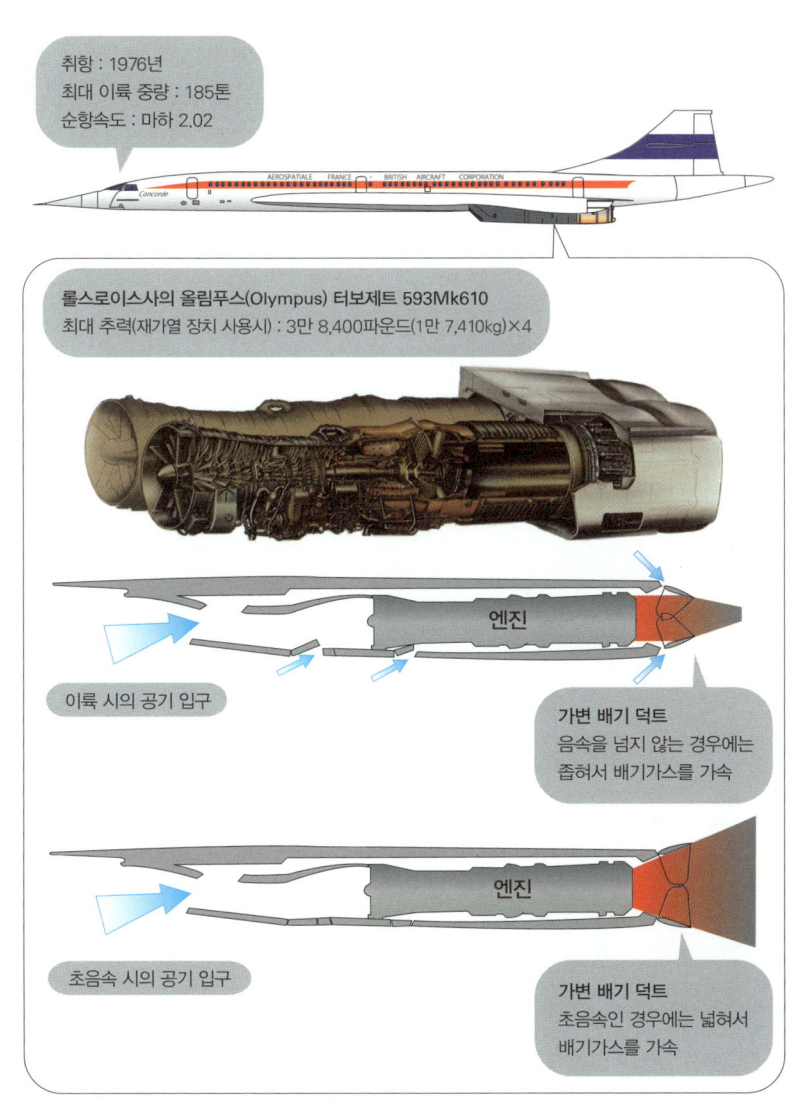

취항 : 1976년
최대 이륙 중량 : 185톤
순항속도 : 마하 2.02

롤스로이스사의 올림푸스(Olympus) 터보제트 593Mk610
최대 추력(재가열 장치 사용시) : 3만 8,400파운드(1만 7,410kg)×4

이륙 시의 공기 입구

가변 배기 덕트
음속을 넘지 않는 경우에는 좁혀서 배기가스를 가속

초음속 시의 공기 입구

가변 배기 덕트
초음속인 경우에는 넓혀서 배기가스를 가속

토막 상식 002

지구가 둥글다는 사실을 실감하다

옛날 사람들은 바다 저편에서 배가 나타날 때 먼저 돛대가 보이기 시작한 뒤 서서히 선체가 보이는 광경을 목격하고는 지구가 둥글다는 사실을 실감했다고 한다. 비행기로도 똑같은 경험을 할 수 있다.

하네다 공항에 활주로가 적었던 시절에는 활주로 앞 상공에서 착륙을 대기하는 비행기를 많이 볼 수 있었다. 아래 그림처럼 착륙하는 비행기가 연속으로 진입해오면 공항에서 약 18km 떨어진 기사라즈(木更津) 시의 상공을 약 900m 고도로 수평비행을 하는 비행기보다도 강하 중인 고도 900m 이하의 비행기가 훨씬 높이 날고 있는 것처럼 보일 때가 있다. 이것이 바로 지구가 둥글다는 증거다.

CHAPTER 3

제트 엔진이란 무엇인가?

제트 엔진의 추력은 풍선이 나는 힘과 원리가 같다. 이번 장에서는 엔진 원리가 무엇인지, 현재 제트 여객기가 터보팬 엔진을 채용하고 있는 이유는 무엇인지 알아본다.

풍선이 나는 힘의 정체

분사하는 공기량과 속도

3-01

　제트 엔진의 구조나 추력을 이해하기 위해서 먼저 풍선이 왜 나는지, 풍선을 날게 하는 힘은 무엇인지를 알아보자.

　풍선에 바람을 가득 채운 뒤 입구를 쥐고 있던 손을 놓으면 풍선은 공기를 분사하며 기세 좋게 날아오른다. 풍선이 나는 이유는 풍선 입구에서 분사하는 공기가 주변 공기를 강하게 밀어내기 때문이 아니다. 주변 공기와 무관하게 풍선 안의 공기가 분사하면서 생기는 반작용, 즉 분사하는 공기의 힘과 동일한 크기의 힘이 역방향으로 작용해 풍선은 날아가는 것이다. 따라서 이론상 풍선은 공기가 없는 우주에서도 날 수 있다.

　분사하는 공기량이 많으면 많을수록, 또 분사하는 속도가 빠르면 빠를수록 풍선은 더 큰 힘으로 날아간다. 예를 들어 야구를 할 때 물렁한 공보다는 무겁고 딱딱한 공이 훨씬 위력적이며, 느린 공보다는 빠른 공의 구위가 좋다는 점과 비슷하다. 그래서 다음과 같은 등식이 성립한다.

　(풍선이 나는 힘) = (분사하는 공기량)×(공기의 분사 속도)

　풍선이 나는 힘은 시간이 지나면서 변하는데 이는 풍선에 가해지는 힘의 크기가 바뀌기 때문이다. 다시 말해 1초당 분출하는 공기의 힘이 변하는 정도는 풍선에 작용하는 힘과 대응하기 때문에 다음과 같은 등식도 성립한다.

　(풍선이 나는 힘) = (매초 분사하는 공기량)×(공기의 분사 속도)

　이 수식에 따르면 풍선이 나는 힘은 공기량과 공기의 속도에 따라 달라진다.

풍선과 작용·반작용의 법칙

(작용 : 분사하는 공기의 힘) = (반작용 : 풍선이 나는 힘)

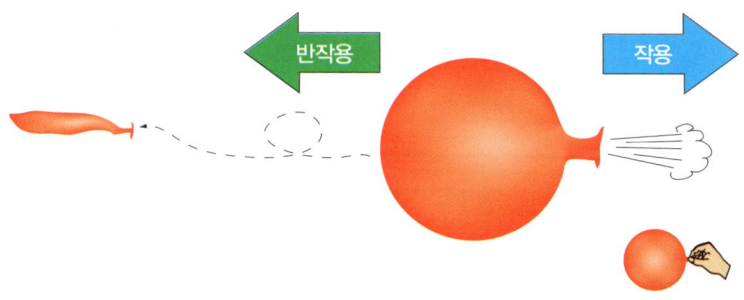

(공기의 힘) = (공기량)×(공기의 분사 속도)

(풍선이 나는 힘) = (1초당 분사하는 공기의 힘의 변화)
= (매초 분사하는 공기량)×(공기의 분사 속도)

- 분사하는 공기량이 많으면 많을수록 나는 힘이 크다.
- 분사하는 공기의 속도가 빠르면 빠를수록 나는 힘이 크다.

제트 엔진의 힘

3-02

기본 원리는 풍선과 같다

풍선이 공기를 분사하는 이유는 고무의 장력에 의해 풍선 내부의 공기가 압축되어 외부 공기보다 기압이 높기 때문이다. 물이 높은 곳에서 낮은 곳으로 흐르는 것처럼 공기도 기압이 높은 풍선 내부에서 기압이 낮은 외부를 향해 분출한다. 다시 말해 풍선을 날게 하는 에너지는 다름 아닌 압축공기라는 의미다.

우리가 평소 사는 곳의 기압 상태는 1기압인 1,013hPa(헥토파스칼)이다. 이 때문에 공기가 있는지 없는지 별로 의식하지 못하지만 강한 비바람을 일으키는 태풍은 항상 두려움의 대상이다. 그런데 1기압에서 겨우 3퍼센트만 떨어져도 무시무시한 태풍을 만들어낸다. 이렇게 작은 기압 차이가 큰 에너지를 만들어낸다는 사실을 알아야 한다.

제트 엔진도 이론상 태풍과 같은 이치다. 제트 엔진은 압축공기의 에너지를 이용해 후방에 강한 공기를 분사하며 이때 생기는 반작용으로 추력을 얻는다. 높은 곳일수록 떨어지는 물이 더 강한 물살을 만들어내듯이 공기도 기압차가 클수록 강력한 분출을 만들어낸다. 풍선 내부의 공기가 1.03기압인 데 비해 제트 엔진은 공기를 30기압 이상 압축하기 때문에 엄청난 힘을 발휘한다.

그런데 압축공기의 에너지가 아무리 커도 풍선처럼 압축공기를 소진하고 나면 더는 날 수가 없다. 또 우주에서도 날 수 있는 풍선과 달리 비행기는 공기가 없으면 양력도 만들지 못한다. 제트 엔진은 풍선처럼 압축공기를 저장하는 방식이 아닌 주변 공기를 대량으로 흡입하고 압축하여 연속으로 분사하는 방식을 채용하고 있다.

압축공기

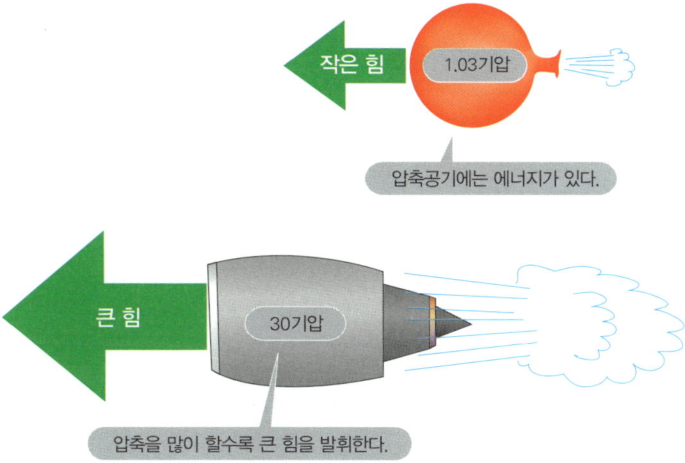

1.03기압
작은 힘

압축공기에는 에너지가 있다.

큰 힘
30기압

압축을 많이 할수록 큰 힘을 발휘한다.

공기를 흡입하여 압축

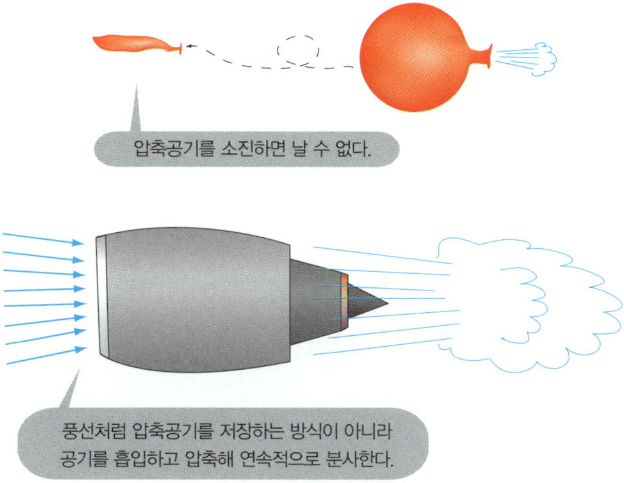

압축공기를 소진하면 날 수 없다.

풍선처럼 압축공기를 저장하는 방식이 아니라 공기를 흡입하고 압축해 연속적으로 분사한다.

비행에 필요한 추력이란?

총추력과 순추력

3-03

풍선과 제트 엔진은 압축공기를 에너지로 이용한다는 점은 똑같지만 풍선은 공기를 저장하는 방식이고 제트 엔진은 공기를 흡입하는 방식이다. 이런 방식 차이 때문에 주변 공기를 흡입하는 방식인 제트 엔진의 추력은 비행 속도에 큰 영향을 받는다. 왜 그런지 살펴보자.

풍선은 공기를 저장하고 있기 때문에 주변 공기와 아무런 작용을 하지 않으며 진공 상태에서도 날 수 있다. 마찬가지로 로켓도 산소나 연료를 탑재하고 있기 때문에 로켓 엔진의 추력도 주변 공기와는 무관하다.

그런데 주변 공기를 흡입하는 방식인 제트 엔진은 흡입하는 공기의 속도 이상, 즉 비행기의 비행 속도 이상으로 공기를 분사하지 않으면 엔진이 공기에 힘을 전달하지 못하기 때문에 추력은 발생하지 않는다. 이 때문에 흡입 시 공기의 힘을 제외한 실제 비행에 관여하는 순추력을 알아야 한다.

비행 속도를 고려하지 않은 추력을 총추력(gross thrust)이라고 한다.

(총추력) = (매초 흡입하는 공기량)×(분사 속도)

총추력에서 흡입 시 공기의 힘을 뺀 추력은 순추력(net thrust)이다.

(순추력) = (매초 흡입하는 공기량)×(분사 속도-비행 속도)

이 수식에서 분사 속도가 비행 속도보다 느리면 순추력은 마이너스가 된다. 실제로 엔진이 아이들 회전하며 강하할 때는 마이너스 추력, 즉 엔진 브레이크처럼 항력으로 작용한다.

비행할 때의 추력

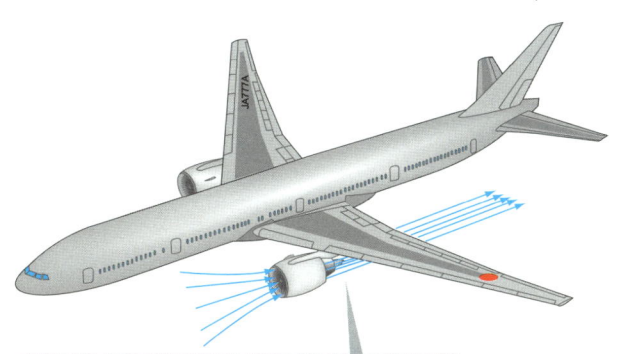

제트 엔진은 물론이고 프로펠러도 원리는 동일하다. 공기를 후방으로 강하게 뿜어내면 이때 발생하는 반작용으로 추력을 만든다.

(비행 속도) = (엔진이 공기를 흡입하는 속도)이므로 비행 속도, 즉 흡입할 때의 속도 이상으로 분사하지 않으면 공기에 힘을 전달하지 못하기 때문에 추력은 발생하지 않는다.

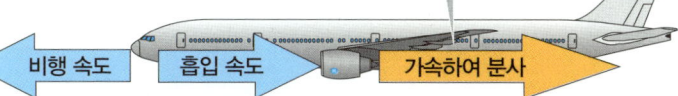

비행 중의 추력 (순추력)
(순추력) = (매초 흡입하는 공기량) × (분사 속도 − 비행 속도)

제트 엔진의 구조

압축공기를 가열하여 에너지를 극대화

공기를 흡입하고 압축하여 연속적으로 분사하려면 리시프로 엔진의 실린더처럼 폐쇄된 용기로는 불가능하다. 공기 흡입구와 배기구가 연속적으로 연결되어 압축부터 분사까지의 작업을 한 번에 해야 한다. 다시 말해 앞뒤가 개방된 파이프와 같은 형태여야 한다. 이와 같은 조건을 전제로 제트 엔진의 모양을 도식화해보면 오른쪽 상단의 그림과 같다.

제트 엔진의 구조를 살펴보면 공기 흡입구에서 시작하여 압축 장치, 가열 장치, 압축 장치를 회전시키는 터빈, 배기 노즐 등이 줄지어 연결되어 있다. 먼저 흡입한 공기를 압축하고 그 압축공기에 열을 가하여 팽창(하는) 에너지를 극대화한다. 그 에너지의 일부를 이용하여 공기 흡입과 압축을 위한 터빈을 회전시키고, 마지막으로 여분의 에너지를 속도 에너지로 변환해서 배기 노즐의 좁은 관 모양의 장치로 분사하여 추력을 만들어낸다.

정리하면 제트 엔진은 압축되어 온도가 상승한 공기를 추가로 가열하여 팽창 에너지를 극대화한다는 개념을 이용한다.(오른쪽 하단 그림)

다만 정지 상태에서 갑자기 연료를 연소해 엔진을 가동하지는 않는다. 먼저 공기로 작동하는 에어 모터(또는 전동 모터)가 톱니바퀴를 돌려서 압축기를 회전시킨다. 이를 통해 자연스럽게 공기를 흡입하여 압축을 시작한다. 모터로 압축을 계속 진행하면서 이상적인 공연비 상태가 되면 연소를 시작하여 터빈을 회전시키는데, 이때 엔진이 완전히 스스로 회전할 수 있을 때까지 모터가 보조 역할을 한다.

공기의 압축과 분사

먼저 흡입한 공기를 압축하고 그 압축공기에 열을 가하여 팽창 에너지를 극대화한다. 그리고 그 에너지의 일부로 공기 흡입과 압축을 위한 터빈을 회전시키고 마지막으로 여분의 에너지를 속도 에너지로 변환해서 배기 노즐로 강력하게 분사한다.

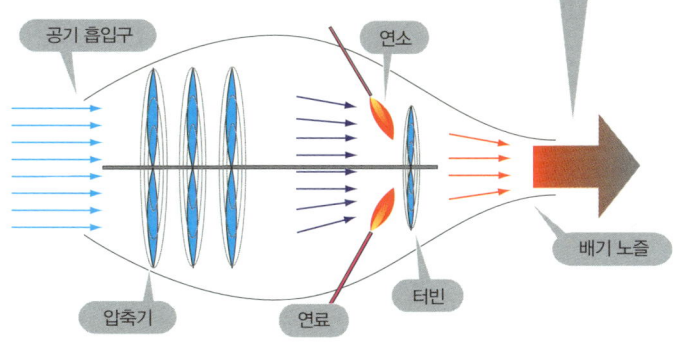

공기의 성질

$$\frac{압력 \times 체적}{온도} = (일정)$$

보일 샤를의 법칙(Boyle-Charles' Law)

- 압력을 높이면 ⇨ 체적이 작아져 온도가 상승한다.
- 압력은 일정하고 가열하면 ⇨ 체적이 증대한다.
- 공기 흐름을 좁히면 ⇨ 가속한다.(벤츄리 효과. Venturi effect)

원심식 압축기의 구조

원심력과 확산 작용을 이용하다

3-05

 이번에는 제트 엔진의 공기 압축 장치를 비롯한 내부 장치를 살펴본다. 처음 등장한 압축기는 원심식(遠心式) 압축기였다. 오른쪽 그림처럼 임펠러(impeller, 날개차), 디퓨저(diffuser, 확산기), 매니폴드(manifold, 다기관)로 구성되는데 리시프로 엔진의 실린더에 압축공기를 공급하는 터보차저와 동일한 구조다.

 흐르는 공기가 넓은 곳으로 나아가면 속도 에너지는 압력 에너지로 바뀐다. 원심식 압축기는 이러한 공기의 성질을 이용한다. 다시 말해 고속으로 회전하는 임펠러의 원심력으로 공기를 가속해서 디퓨저로 밀어 넣는다. 공기는 입구보다 출구가 넓은 디퓨저를 통과하면서 속도가 줄고 압축된다.

 그런데 공기가 음속을 넘으면 성질이 완전히 반대로 변한다. 초음속 상태에서는 공기가 넓은 곳을 통과할 때 속도가 증가해서 압력이 떨어진다. 초음속 여객기의 엔진은 이런 공기의 정반대 성질에 모두 대응할 수 있는 공기 입구나 가변 배기 터빈 등의 장치를 장비하고 있다.

 한 쌍의 임펠러와 디퓨저를 조합하면 1단이라고 하고 1단당 압축비(압축기 전후의 압력비)는 3~4배가량 차이가 난다. 다만 구조상 2단까지가 한계이며 최대한 압축해도 6~7배 정도. 이 때문에 원심식 압축기는 중소형 비행기의 터보프롭, 소형 헬리콥터용 터보샤프트, 비행기에 보조 전원을 공급하는 APU(보조동력 장치) 등에 사용한다.

터보차저 같은 압축기

압축공기

임펠러(날개차)

공기 흐름

디퓨저(확산기)

매니폴드(다기관)

디퓨저는 입구에 비해 출구가 넓다.

날개차로 가속된 공기 → 넓어짐 → 감속 → 압력 증가

흐르는 공기의 성질
- 공기는 넓은 곳으로 나아가면 감속한다.
- 공기는 감속하면 압력이 높아진다.

축류식 압축기의 작동 원리

기본 원리는 티끌 모아 태산

3-06

축류식 압축기는 오른쪽 그림처럼 로터 블레이드(rotor blade. 회전 날개)가 스테이터 베인(stator vane. 고정 날개) 안에서 고속으로 회전하면서 공기를 흡입해 압축하는 방식이다. 뒤로 갈수록 회전 날개나 고정 날개가 작아지는데 이는 압축으로 체적이 줄어든 공기의 흐름을 일정한 속도로 유지하기 위해서다.

압축기 안을 흐르는 공기의 속도를 일정하게 유지하고 압축 효율을 확보하기 위해 뒤쪽 회전 날개일수록 더 빨리 회전해야 한다. 그래서 저속으로 회전하는 저압 압축기와 고속으로 회전하는 고속 압축기로 나누어져 있다. 여기에 중압 압축기를 추가하면 3축 구조가 된다.

참고로 제트 엔진의 회전 날개는 '블레이드'(blade)라고 부르고 고정 날개는 '베인'(vane)이라고 한다. 베인이나 블레이드가 너무 작으면 압축 효율이 떨어지기 때문에 축류식 압축기를 채용한 제트 엔진은 소형화에 한계가 있다.

한 쌍의 회전 날개와 고정 날개를 조합하면 1단이고 1단당 압축비는 1.3~1.4배 정도로 원심식 압축기에 비해 작은 편이다. 하지만 원심식 압축기는 최고 2단이고 축류식 압축기는 몇 단이든 늘릴 수 있다. 예를 들어 오른쪽 그림처럼 JT3C 엔진의 저압 압축기는 9단이므로 저압 압축기만으로도 10배 이상 압축할 수 있다.

1단 : 1×1.3=1.3
2단 : 1.3×1.3=1.69
⋮
9단 : 8.15×1.3=10.565

축류식 압축기의 구조

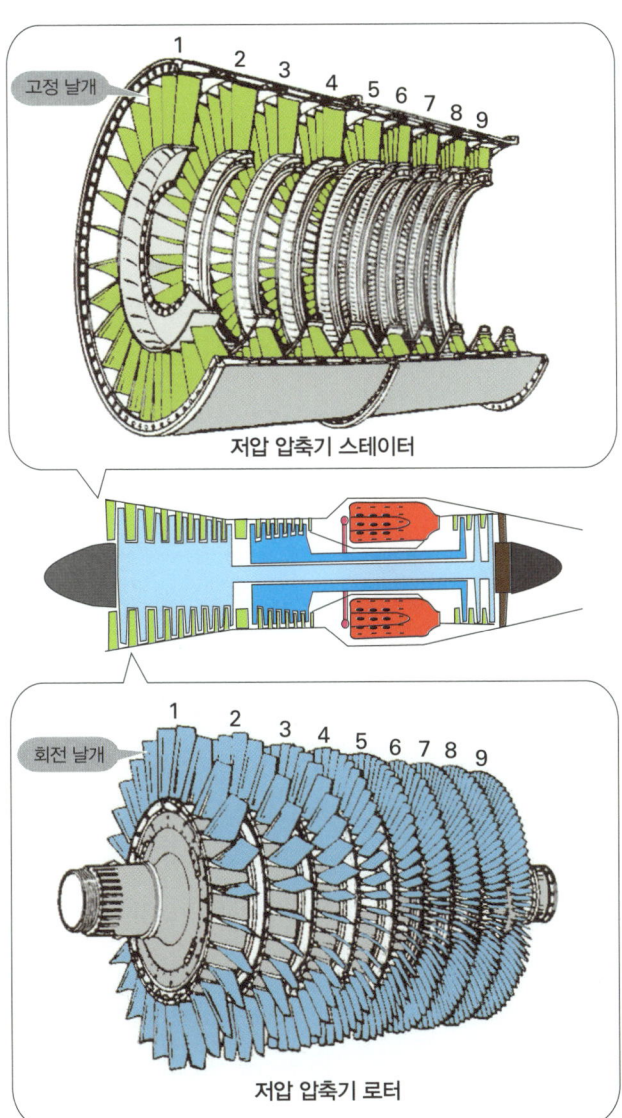

저압 압축기 스테이터

저압 압축기 로터

압축기의 공기역학

3-07

속도를 유지하며 압력을 높이다

축류식 압축기도 원심식 압축기와 마찬가지로 공기가 넓어진 통로를 통과할 때 속도가 줄고 압력이 상승한다는 성질을 이용한다. 그래서 공기가 압축기 로터에 장착된 회전 날개와 압축기 스테이터에 장착된 고정 날개를 통과할 때 좁은 입구로 들어가 넓은 출구로 나오는 구조로 되어 있다.

먼저 압축기의 입구 안내 날개(inlet guide vane)를 통과한 공기는 고속으로 회전하는 제1단 회전 날개에 의해 운동 에너지를 얻는다. 운동 에너지를 한껏 품은 공기는 제1단 고정 날개를 통과하면서 감속하고 압력이 상승한다. 이 공기는 제2단 회전 날개에 의해 가속되지만 회전 날개를 빠져나올 때는 다시 감속하여 압력이 상승한 상태로 제2단 고정 날개로 유입된다. 그리고 다음 고정 날개를 통과할 때 또다시 감속하여 압력이 더욱 증가한다. 이런 반복을 통해 공기의 속도를 유지하며 뒤쪽으로 갈수록 공기의 압력은 점점 상승한다.

다만 유입되는 공기량이나 속도에 알맞게 압력을 상승시켜야 한다. 그렇지 않으면 압축기 안의 공기 흐름이 흐트러져 순간적으로 정지하거나 역류하여 급격히 흔들리는 서징(surging) 현상이 발생한다. 이 탓에 굉음과 함께 날개가 부러지거나 이상 연소로 터빈이 손상되는 심각한 파손이 일어날 수 있다.

서징을 피하려면 엔진을 운용할 때 유입 공기량 대비 압축률을 적절히 유지해야 한다. 이를 보완해주는 장치로는 연료 제어 장치, 압축기의 잔여 공기를 제거하는 장치, 회전 날개가 알맞은 각도를 유지할 수 있도록 회전 속도에 따라 고정 날개의 방향을 바꿔주는 가변 고정 날개 장치 등이 있다.

압축기의 구조

연소실

열에너지를 가하는 장소

3-08

에너지 공급 없이 계속 작동하는 '영구 기관'은 없다. 어떤 기계든 에너지가 없으면 움직이지 않는다. 제트 엔진에 에너지를 공급하는 곳이 바로 연소실이다.

공기를 압축기로 고압·고온의 상태로 만든 뒤 연소실에서 가열하면 터빈이 압축기를 회전시키고 난 후에도 터빈 앞뒤의 온도 변화는 압축기 앞뒤의 온도 변화보다 적기 때문에 엔진 출구의 압력이 입구의 압력보다 높아진다. 바꿔 말하면 엔진이 강력한 속도로 분사할 수 있는 이유는 압축기를 돌리고 난 후에도 압력 에너지가 남을 만큼 열에너지를 충분히 공급하여 압력 에너지를 속도 에너지로 바꿀 수 있기 때문이다.

추력은 공기를 가열하는 온도가 높으면 높을수록 더 커진다. 하지만 터빈이 고온 가스에 노출된 채 고속으로 회전하면 열응력이나 원심력에 의해 변형될 수 있기 때문에 연소 직후의 가스가 아니라 2차 공기로 냉각한 가스를 이용하여 터빈을 회전시킨다. 초기 제트 엔진의 연소 온도는 약 섭씨 2,000도였고 터빈 입구 온도의 최댓값은 약 섭씨 1,000도였지만 요즘에는 터빈 블레이드의 내열성과 냉각 기술의 발전으로 섭씨 1,600도 전후까지 견딜 수 있다.

그리고 엔진 스타트를 할 때 점화 후에는 연속적으로 연소가 이루어지기 때문에 간헐적으로 연소하는 리시프로 엔진처럼 타이밍을 맞춰서 점화 플러그를 작동할 필요는 없다. 참고로 연소실 안의 화염이 사라지는 현상을 플레임 아웃(flameout)이라고 하는데 엔진이 정지했다는 의미다.

연소실의 구조

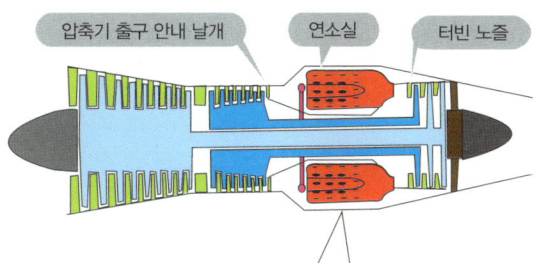

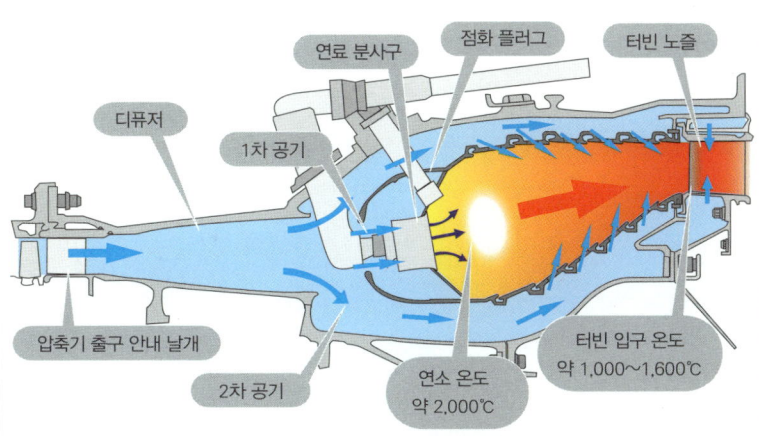

그림의 예는 CF6-80 시리즈

- 압축기 출구는 30~40기압, 온도 약 500~700℃, 시속 약 500km
- 디퓨저에서 연소에 적절한 속도로 감속
- 압축공기의 25퍼센트가 1차 공기로 연소실로 들어간다.
- 압축공기의 75퍼센트가 2차 공기로 냉각 역할을 한다.
- 공연비 14~16대1에서 연소 온도는 약 2,000℃
- 2차 공기로 냉각되어 터빈 노즐로 분사

터빈의 역할

압축기를 돌리는 원리

3-09

압축기에는 저압 압축기와 고압 압축기로 이루어진 2축 구성 또는 여기에 중압 압축기를 추가한 3축 구성이 있는데, 모두 압축을 효율적으로 하기 위한 것이다. 터빈은 압축기를 돌리는 역할을 하는데, 이 중에서 가장 고속으로 회전하는 고압 터빈은 연소실 바로 다음에 위치하며 그 뒤로 중압, 저압 터빈이 순서대로 있다. 각각의 터빈은 기계적으로 결합되어 있지 않고 독립적으로 회전한다.

    터빈을 돌리는 노즐은 압력 에너지를 속도 에너지로 바꾸기 위해서 출구가 좁다. 고무 호수의 끝을 누르면 물살이 강해지고 멀리까지 보낼 수 있는 이치와 같다. 이 노즐에서 분사되는 연소 가스의 충격을 효과적으로 받아내기 위해 터빈의 날갯죽지 부근은 'V'자 모양인데 이런 형태의 터빈을 충동 터빈(impulse turbine)이라고 한다.

    터빈 날개는 끝부분일수록 노즐 앞을 통과하는 속도가 빨라지기 때문에 연소 가스의 충격이 작아진다. 그래서 엔지니어들은 터빈 사이 끝 쪽의 폭을 좁혀서 터빈 사이를 통과하는 가스를 가속하는 방법을 고안했다. 비행기 날개가 공기를 가속해서 아래로 흘려보내는 힘의 반작용으로 양력을 발생시키듯이 가스를 가속한 반작용, 즉 반동으로 회전력을 만들어내므로 이런 형태의 터빈을 반동 터빈(reaction turbine)이라고 한다. 이처럼 가스 에너지의 효율성을 높이려는 다양한 시도가 이루어졌다.

압축기를 돌리다

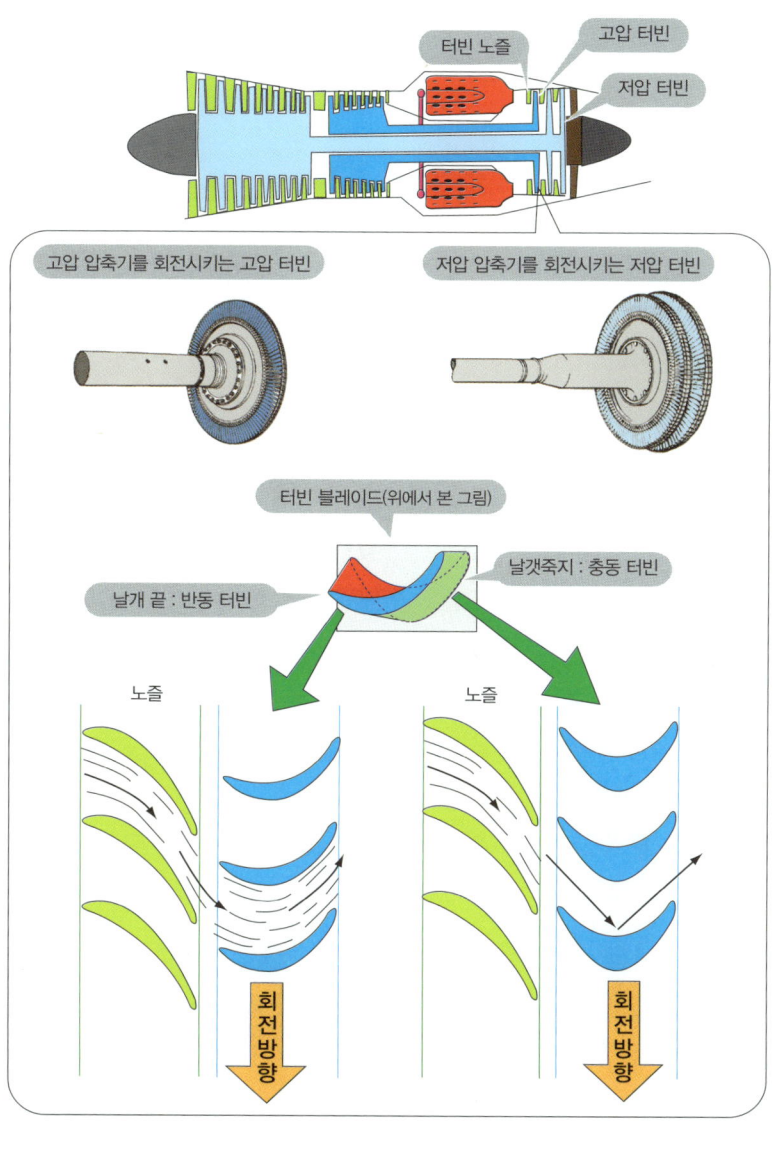

배기 섹션

연소 가스를 대기로 보내는 장치

3-10

터빈을 돌린 후 연소 가스는 회전 흐름 그대로 정류(整流)하며 가속하여 대기로 분사한다. 배기 덕트는 연소 가스를 가속해서 분사하기 위해 출구가 좁은 형태로 배기 노즐과 연결되어 있다. 이렇게 출구가 좁으면 연소 가스를 보다 강하게 내뿜을 수 있는데 헤어드라이어 끝이 좁은 것과 같은 이치다.

배기 스트럿(strut)과 원추 모양인 테일 콘(tail cone)의 역할은 배기가스를 정류하는 것이다. 배기 스트럿은 터빈이나 압축기의 회전축을 지탱하는 중요한 장치이기 때문에 만듦새가 매우 견고하다. 그래서 엔진을 비행기에 탑재하기 위한 후부 마운트(mount)가 여기에 달려 있다.

엔진의 오버 히트를 감시하는 온도 센서도 배기 섹션에 있다. 온도 센서는 터빈 입구 온도를 측정하는 것이 목적이지만 섭씨 1,000도 이상을 견딜 수 없을 뿐만 아니라 만약 센서가 녹아서 날아가면 뒤쪽 터빈을 망가트려 엔진 고장을 일으킨다. 그래서 배기가스 온도(EGT, Exhaust Gas Temperature)로 터빈 입구 온도(TIT, Turbine Inlet Temperature)를 추정한다.

한편 오른쪽 그림의 엔진처럼 연소한 가스의 에너지를 모두 속도 에너지로 바꿔서 분사하는 방식은 소음이나 연비가 중요한 여객기에는 적합하지 않다. 왜냐하면 추력의 크기를 결정하는 일에는 분사 속도 못지않게 공기량도 중요하기 때문이다. 따라서 일반 여객기처럼 비행 속도가 음속을 넘는 일이 없다면 분사 속도를 필요 이상으로 높이기보다는 공기량을 늘리는 편이 효율적이다.

배기 섹션의 역할과 구조

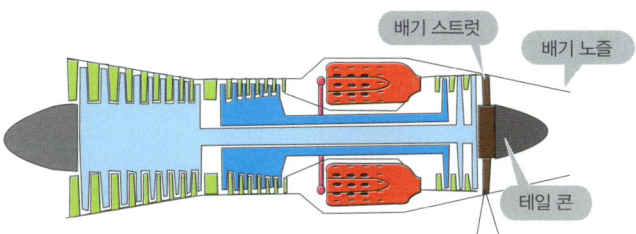

배기 섹션
- 배기가스를 가속, 정류하여 분사
- 압축기나 터빈의 회전축을 지탱하는 중요한 부분
- 엔진의 후부 마운트가 위치

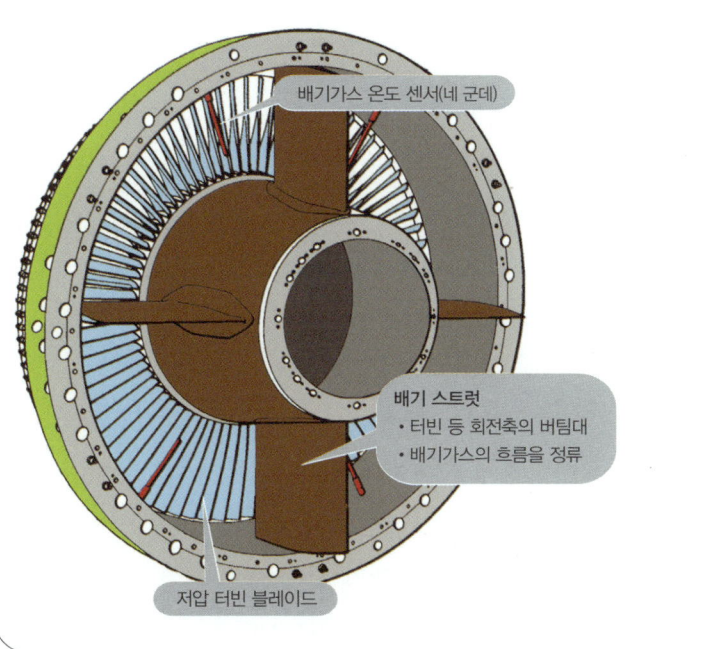

배기 스트럿
- 터빈 등 회전축의 버팀대
- 배기가스의 흐름을 정류

터보팬은 무엇인가?

연비가 좋고 소음이 적다

3-11

여객기의 제트 엔진은 왜 분사 속도를 높이기보다 공기량을 늘리는 편이 효율적일까? 그 이유를 알기 위해 추력 효율이라는 엔진 효율을 측정하는 '잣대'가 무엇인지 살펴보자.

추력 효율이란 비행기의 추력에 사용된 에너지와 엔진 출력 에너지의 비율을 말하는데 엔진 출력 에너지의 몇 퍼센트가 추력을 위한 에너지인가를 나타내는 수치다. 추력 효율은 비행 속도와 분사 속도로 정해진다. 이 둘의 속도가 비슷할수록 추력 효율은 좋아진다. 하지만 분사 속도가 비행 속도와 같으면 순추력은 발생하지 않기 때문에 100퍼센트의 추력 효율은 이론상 존재하지 않는다.

초음속 여객기는 분사 속도를 비행 속도(음속) 이상으로 유지해야 한다. 하지만 비행 속도가 음속의 80퍼센트 전후인 여객기는 분사 속도를 비행 속도보다 필요 이상으로 높이면 소음이 커질 뿐만 아니라 추력 효율도 나빠진다.

예를 들어 수영을 할 때 빠른 속도로 물장구를 치듯이 큰 소리를 내며 물보라를 일으키기보다는 다리에 물갈퀴를 달고 천천히 움직이는 편이 전진하는 데 효율적이다. 마찬가지로 모든 에너지를 속도 에너지로 바꾸지 않고 큰 터빈 팬을 돌려서 대량의 공기를 비행 속도에 알맞은 속도로 분사하는 엔진이 추력 효율이 좋다. 또한 팬이 분사하는 공기가 엔진 중심부의 분사 가스를 감싸 안으면서 소음이 큰 폭으로 줄어드는 이점도 있다.

터보팬을 탑재한 엔진

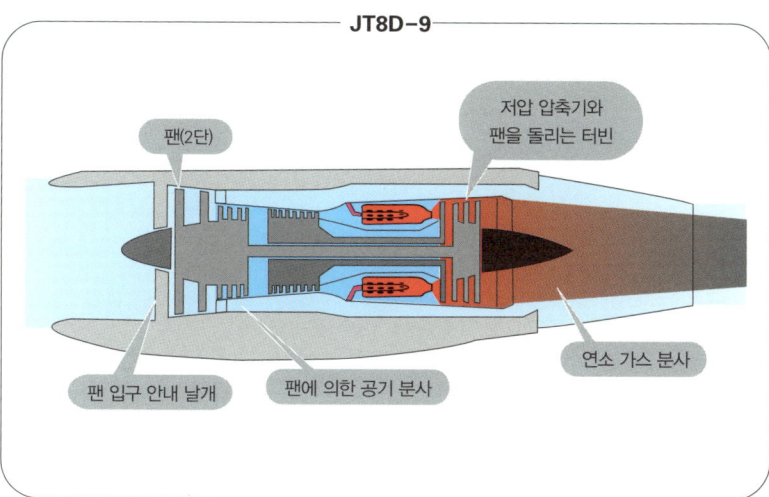

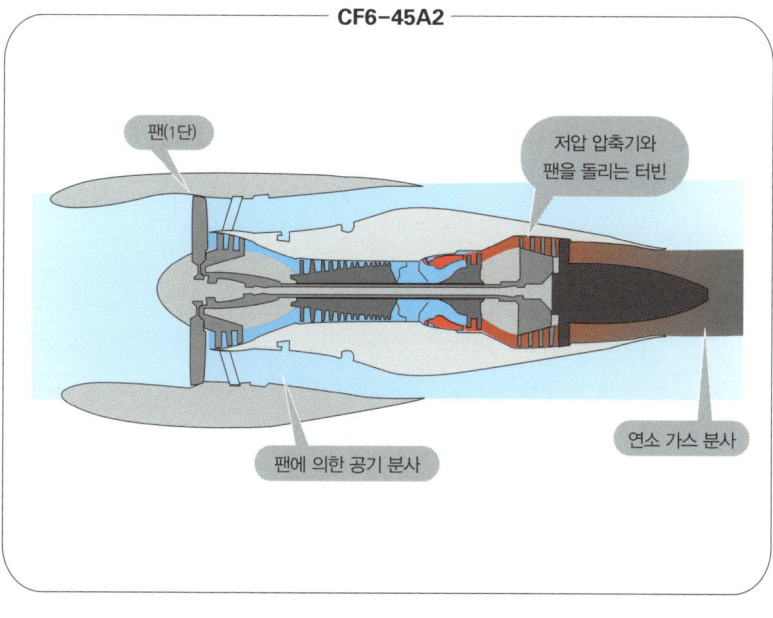

팬의 크기

자꾸만 커지는 팬의 크기

터보팬은 바이패스 엔진이라고도 한다. 연소 가스를 분사하여 추력을 만들 뿐만 아니라 코어 엔진으로 들어가지 않고 바이패스(bypass. 우회하다)한 공기를 분사하여 추력을 만든다. 이때 바이패스하는 비율을 바이패스비라고 한다.

초창기 터보팬인 P&W사의 JT8D의 바이패스비는 1.1로 팬을 통과하는 공기는 코어 엔진으로 들어가는 공기량의 1.1배에 지나지 않았다. 이후 세계 최대의 추력을 자랑하는 제너럴일렉트릭사의 GE90-115B 엔진은 바이패스비가 9.0으로 팬이 발생하는 추력은 총추력의 80퍼센트나 된다.

코어 엔진으로 들어가는 공기량이 적다는 것은 그만큼 연소하는 연료도 소량이라는 의미이므로 바이패스비가 높을수록 연비가 좋은 엔진이다. 그리고 바이패스비와 추력이 커지면서 팬도 직경 약 1m에서 3m 이상으로 커졌으며 폭도 넓어졌다. 그래서 팬의 개수는 40장에서 20장 정도로 줄고, 팬끼리 서로 지탱하며 진동을 막는 역할을 하던 슈라우드(shroud)도 사라졌다.

프로펠러는 날개 끝의 속도가 음속을 넘기면 효율이 저하하는 문제가 있다. 프로펠러의 직경은 5m인데 비해 팬의 직경은 약 3m로 더 짧지만 회전 속도는 더 빠르기 때문에 날개 끝을 통과하는 공기의 속도가 음속에 가까워지면 프로펠러와 같은 문제가 생기는 것이다. 이러한 문제는 비행기 날개처럼 후퇴각을 가진 팬을 채용하면서 효율 저하를 최소화할 수 있었다.

이처럼 팬의 크기나 모양에 따라 엔진 효율에 큰 차이가 있다. 다음 장에서는 엔진 효율 저하를 막기 위해 엔진 공기 흡입구에 어떤 발상과 대책이 반영되었는지 살펴본다.

다양한 팬의 크기와 모양

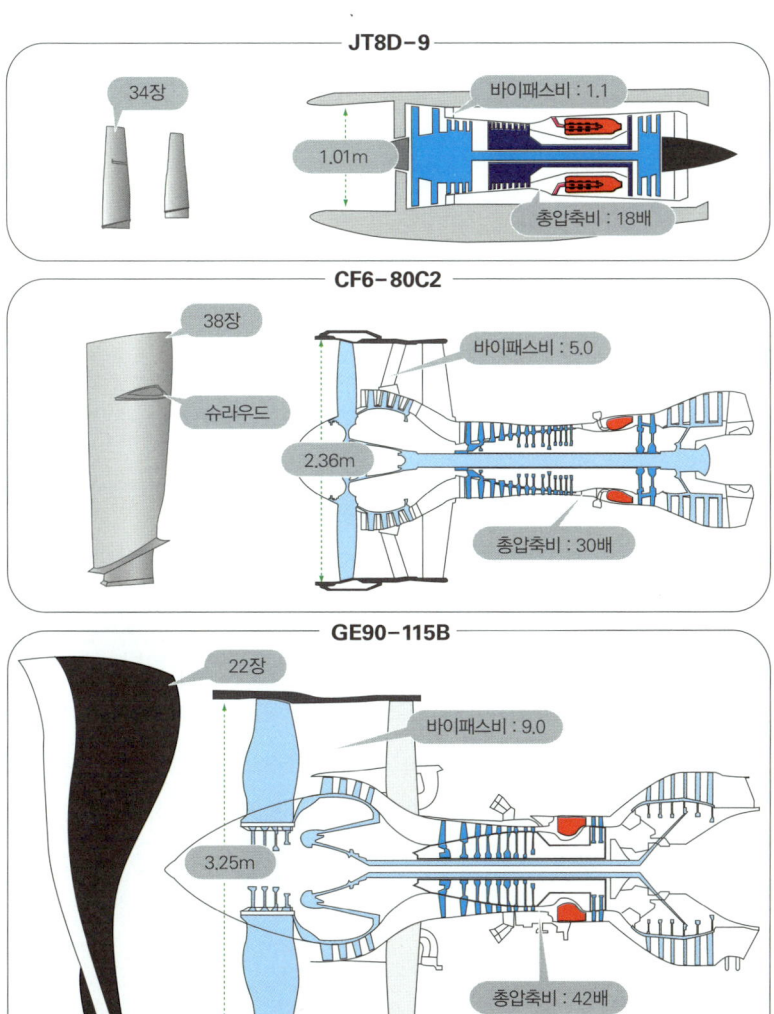

토막 상식
003

스러스트 레버

자동차의 가속 페달은 스로틀(throttle)을 조작해서 엔진이 흡입하는 공기량을 조절한다. 스로틀 밸브의 개방 정도에 따라 변하는 공기량에 맞게 연소량이 정해지고 엔진 출력이 결정된다. 반면 제트 엔진의 가속 페달인 스러스트 레버(thrust lever)는 직접 연소량을 결정한다.

리시프로 엔진 시대의 항공 업계에서는 스로틀을 조작한다는 의미에서 스로틀 레버 또는 파워 레버라고 불렀다. 물리학에서 파워는 마력을 의미하므로 프로펠러를 돌리는 터보프롭 엔진의 경우에 파워 레버라는 명칭이 적절하다. 하지만 터보팬 엔진의 경우에도 파워 레버라고 부르는 경우가 많았다.

정식 명칭은 비행기 기종에 따라 다르다. 에어버스는 A320 기종까지 스로틀 레버, 오토 스로틀이라고 불렀다. A320 이후 기종에서는 플라이 바이 와이어(FBW, Fly By Wire)를 채용하면서 스러스트 레버, 오토 스러스트라고 부른다.

파일럿이 레버를 조작하면 케이블이 아닌 전기 신호가 엔진에 전달된다. 레버와 엔진을 케이블로 연결하던 시절에는 엔진의 진동이 레버까지 전해지기도 했다. 또한 같은 회전 속도를 지시하더라도 레버 위치가 조금씩 틀어지는 경우도 있었다. 요즘은 동일한 레버 위치에 동일한 회전 속도가 유지되도록 서로 조절하고 있기 때문에 레버가 어긋나는 일은 없다.

CHAPTER 4

제트 엔진을 움직이는 시스템

제트 엔진이 힘을 발휘하기 위해서는 어떤 시스템이 필요할까? 연료 탱크를 비롯하여 엔진으로 연료를 전달하는 장치나 엔진 스타트 장치 등 엔진의 모든 곳을 살펴본다.

엔진 커버

4-01

엔진 보호 이외에 다른 역할도 한다

제트 엔진 커버의 명칭은 나셀(nacelle) 또는 팟(pod)이라고 하는데 날개 아래 또는 동체에 장착되어 있는 모양에서 비롯되었다. 하지만 프로펠러기에서 주로 사용하던 카울(cowl) 또는 카울링(cowling)으로 부르는 경우가 더 많다.

카울은 엔진을 보호할 뿐만 아니라 비행기가 어떤 자세를 취하든 엔진으로 유입되는 공기의 상태를 적절하게 유지하고, 비행기 전체의 공기저항을 줄이며 엔진 소음을 방지하는 등 많은 역할을 한다.

인렛 카울(inlet cowl)은 노즈 카울(nose cowl)이라고도 부르는데 카울의 코끝에 위치하여 엔진으로 유입되는 공기를 적절하게 유지하는 중요한 역할을 한다. 팬 카울(fan cowl) 안쪽에는 엔진의 보조 기계류(발전기, 유압펌프, 연료 제어 장치 등)가 탑재되어 있어 정비 편리를 위해 새가 날개를 펼친 것처럼 넓게 개방되어 있다. 그리고 덮개를 열면 보이는 카울 내부에는 소음 방지용 흡음판이 내장되어 있다. 그 외에 엔진 오일 공급이나 점검을 위해 문처럼 개폐 가능한 액세스 패널(access panel)도 있다.

팬 리버서(fan reverser)는 팬에서 들어오는 공기를 분사하는 노즐 역할과 착륙 시 후방으로 슬라이드하면서 팬 카울과의 간격을 벌려 팬 공기를 전방으로 분사하는 역할도 한다. 카울의 맨 밑에는 만약 엔진 내부로 미량의 연료나 오일 등이 새어 들어가더라도 가연 액체가 기화하여 발화하지 않도록 비행기 외부로 방출하는 역할을 하는 드레인 마스터(drain master)라는 배출구가 있다.

엔진 커버의 단면과 역할

커버(카울링)의 역할
- 엔진 보호
- 공기저항 최소화
- 엔진에 유입되는 공기의 최적화
- 엔진 소음 감소

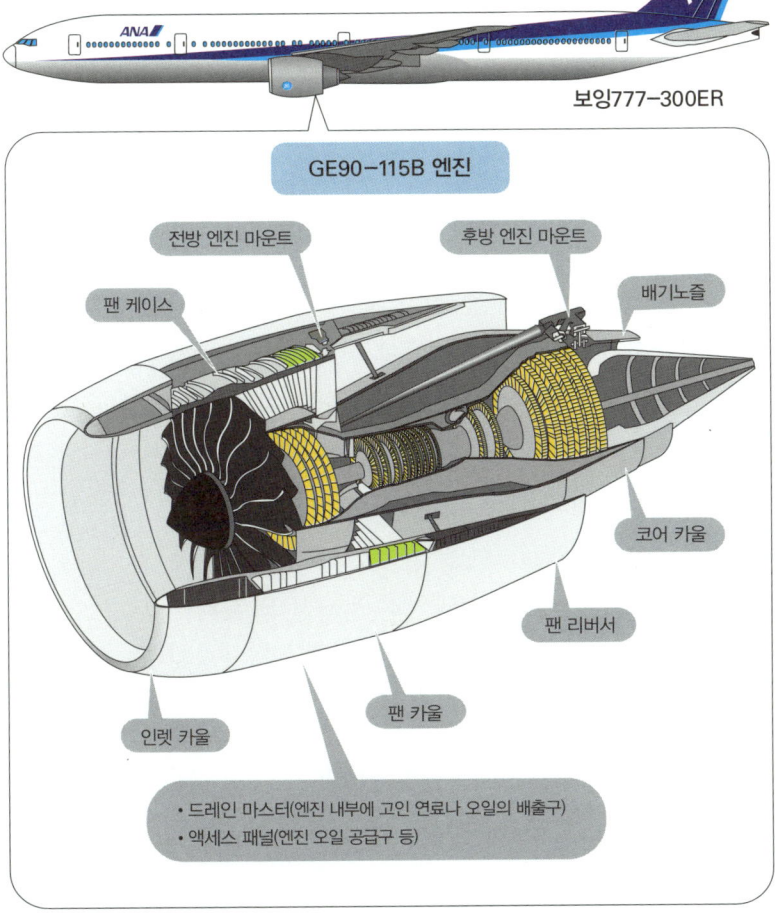

보잉777-300ER

GE90-115B 엔진

- 전방 엔진 마운트
- 후방 엔진 마운트
- 팬 케이스
- 배기노즐
- 코어 카울
- 팬 리버서
- 팬 카울
- 인렛 카울

- 드레인 마스터(엔진 내부에 고인 연료나 오일의 배출구)
- 액세스 패널(엔진 오일 공급구 등)

공기 흡입구

단순히 큰 구멍이 아니다

4-02

프로펠러는 외부에 노출되어 있기 때문에 비행 속도와 똑같은 속도인 공기를 받아 회전한다. 그래서 회전 속도를 제어해도 비행 속도가 빨라서 프로펠러 끝이 음속을 넘기면 충격파가 생긴다. 이는 프로펠러 효율이 급격히 나빠지는 원인이기도 하다. 이에 비해 터보팬은 카울이 팬을 감싸고 있기 때문에 프로펠러와 같은 문제는 발생하지 않는다. 그럼 어떤 구조로 만들어져 있는지 살펴보자.

공기 흡입구에서 엔진 속을 들여다보면 입구보다 안쪽이 넓다. 여기로 공기가 들어가면 감속하여 압력이 상승한다고 앞서 설명한 바 있다. 공기 흡입구 안에서는 이러한 확산 효과에 의해 팬으로 유입되는 공기 속도가 감속하여 압력이 상승하는 것이다. 예를 들어 고도가 1만m에서 마하 0.83(895km/시)의 속도로 비행할지라도 공기가 흡입구를 통과할 때는 감속하여 팬에 적당한 속도인 마하 0.5(540km/시) 정도가 된다. 그래서 팬은 비행 속도와 무관하게 회전한다.

또한 공기 흡입구는 지상에서 강한 측풍이 불거나 이륙과 상승을 할 때처럼 기체가 위를 향하더라도 공기가 팬으로 균등하게 유입되도록 한다. 그리고 비행 속도 증가로 인해 공기 흡입구에 유입되는 공기량이 증가하는 현상인 램 효과(ram effect)를 효율적으로 활용하여 엔진으로 유입되는 공기량과 압력을 늘려 추력을 올리는 중요한 역할도 수행한다.

공기 흡입구의 구조

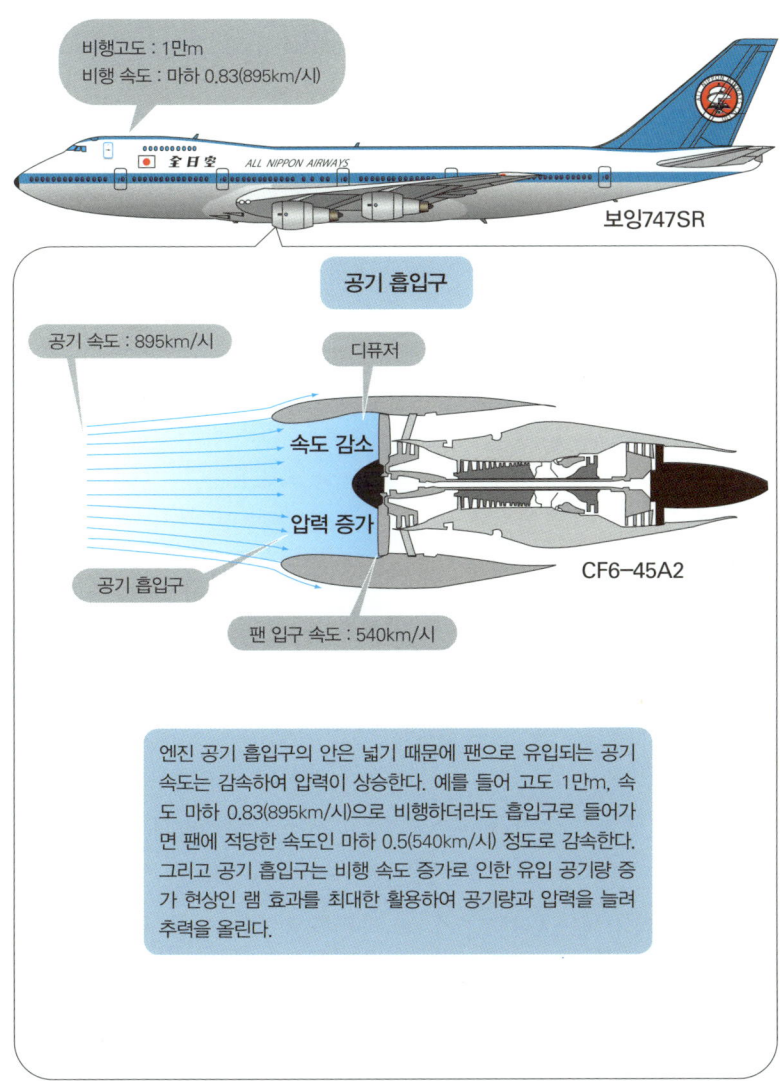

엔진 공기 흡입구의 안은 넓기 때문에 팬으로 유입되는 공기 속도는 감속하여 압력이 상승한다. 예를 들어 고도 1만m, 속도 마하 0.83(895km/시)으로 비행하더라도 흡입구로 들어가면 팬에 적당한 속도인 마하 0.5(540km/시) 정도로 감속한다. 그리고 공기 흡입구는 비행 속도 증가로 인한 유입 공기량 증가 현상인 램 효과를 최대한 활용하여 공기량과 압력을 늘려 추력을 올린다.

엔진 방빙 장치

4-03

얼음과의 싸움

파일럿이라면 항상 '온 톱'(on top. 업계 용어로 구름 위를 말함)에서 비행하고 싶겠지만 운항 중 구름을 만나지 않고 목적지에 도착하는 일은 그리 많지 않다. 구름 이외에도 눈, 비, 서리 등 수분이 많고 외기 온도가 낮은 상태에서 비행하다 보면 기체에 얼음이 생길 위험이 크다.

대기에서 물방울은 섭씨 0도 이하라도 액체 상태를 유지하는 경우가 있는데 이를 과냉각 물방울이라고 한다. 과냉각 물방울은 자극을 받으면 바로 얼어버리는 성질이 있기 때문에 충격을 가하면 비행기에 착빙(着氷)할 가능성이 크다. 과냉각 물방울이 크고 비행 속도가 빠르며 충돌 부분이 뾰족할수록 착빙하기 쉽다. 엔진의 공기 흡입구 끝에 착빙하면 다음과 같은 문제를 일으킨다.

- 얼음이 엔진 내부에 들어가 팬을 손상한다.
- 유입 공기가 불안정해 엔진이 정상 작동할 수 없다.
- 최악의 경우에는 엔진이 정지한다.

이런 위험에 빠지지 않기 위해서 오른쪽 그림처럼 압축기에서 추기(抽氣. 압축공기의 일부를 빼내는 일)한 고온의 공기인 블리드 에어(bleed air)를 사용하여 엔진의 공기 흡입구 주변을 데워 착빙을 방지하는 방빙(防氷) 장치가 있다. 이 장치는 착빙이 예상되는 단계부터 미리 작동해야 한다. 착빙이 이루어진 상태에서 작동하면 부서진 얼음을 흡입하는 꼴이 되어 팬을 손상할 위험이 있다.

주 날개의 전연(前緣)에도 착빙을 막는 장치가 있다. 하지만 이는 방빙 장치라기보다는 얼음을 제거하는 제빙 장치에 가깝다.

압축공기의 일부를 빼내다

안티 아이스 온!

엔진에 착빙이 발생한 경우
- 얼음이 엔진 내부에 들어가 팬을 손상한다.
- 유입 공기가 불안정해 엔진이 정상 작동할 수 없다.
- 최악의 경우에는 엔진이 정지한다.

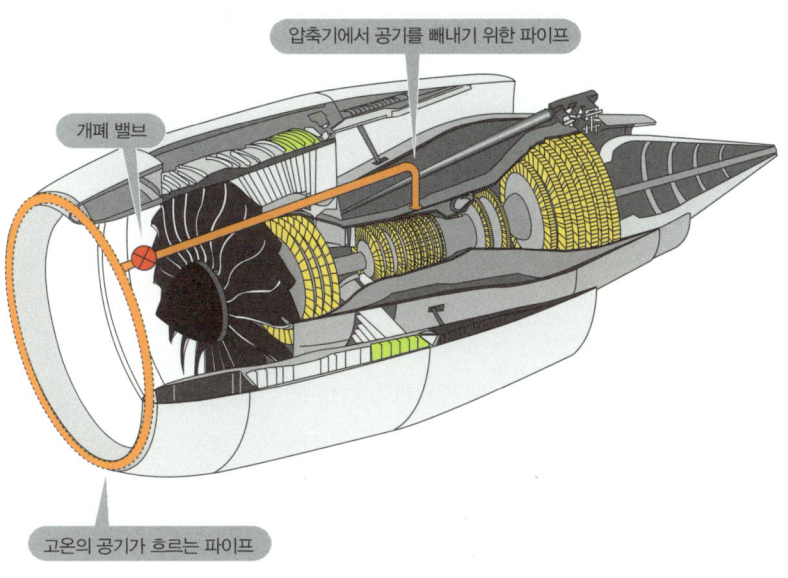

압축기에서 공기를 빼내기 위한 파이프

개폐 밸브

고온의 공기가 흐르는 파이프

블리드 에어

4-04

여러모로 유용한 공기의 힘

엔진 압축기에서 추기한 고온·고압의 공기인 블리드 에어는 방빙 장치 이외에도 다양한 곳에 이용한다. 여기서는 보잉747을 예로 들어 블리드 에어의 사용처를 알아본다.

블리드 에어는 성층권의 맑은 공기를 흡입하여 만드는 만큼 무척 깨끗한 공기다. 연소하지 않더라도 압축하면 온도가 섭씨 500도 이상 오르기 때문에 배관이 손상되는 일을 막기 위해 블리드 에어는 섭씨 200도 이하, 3기압 이하로 조절한다.

성층권은 기온이 섭씨 영하 56도 이하이고, 기압 또한 지상의 20퍼센트 이하다. 비행기가 이처럼 혹독한 환경의 성층권을 비행하더라도 쾌적한 기내 환경을 유지할 수 있는 이유는 에어컨 및 여압 장치에 블리드 에어를 이용하여 온도와 기압을 조절하기 때문이다. 애완동물을 화물칸에 실었다면 화물칸 난방을 위해 블리드 에어를 이용하기도 한다. 그 외에 유압 장치의 작동액 저장 용기나 화장실과 수도 시설에 이용하는 각종 물 저장 탱크의 가압에도 이용한다. 한편 유압 에어 펌프는 엔진 구동 유압 펌프의 토출압이 낮을 때만 작동한다.

그런데 보잉787의 블리드 에어는 엔진 방빙 장치용으로만 사용하고 다량의 압축공기가 필요한 주 날개 방빙 장치나 에어컨에는 전력을 이용한다. 그 이유는 압축공기를 본래 역할인 추력 발생을 위해 사용하는 편이 연비가 좋기 때문이다. 또 전력은 배관이 아니라 배선을 이용하기 때문에 비행기가 가벼워지는 이점도 있다.

블리드 에어를 이용하다(보잉747)

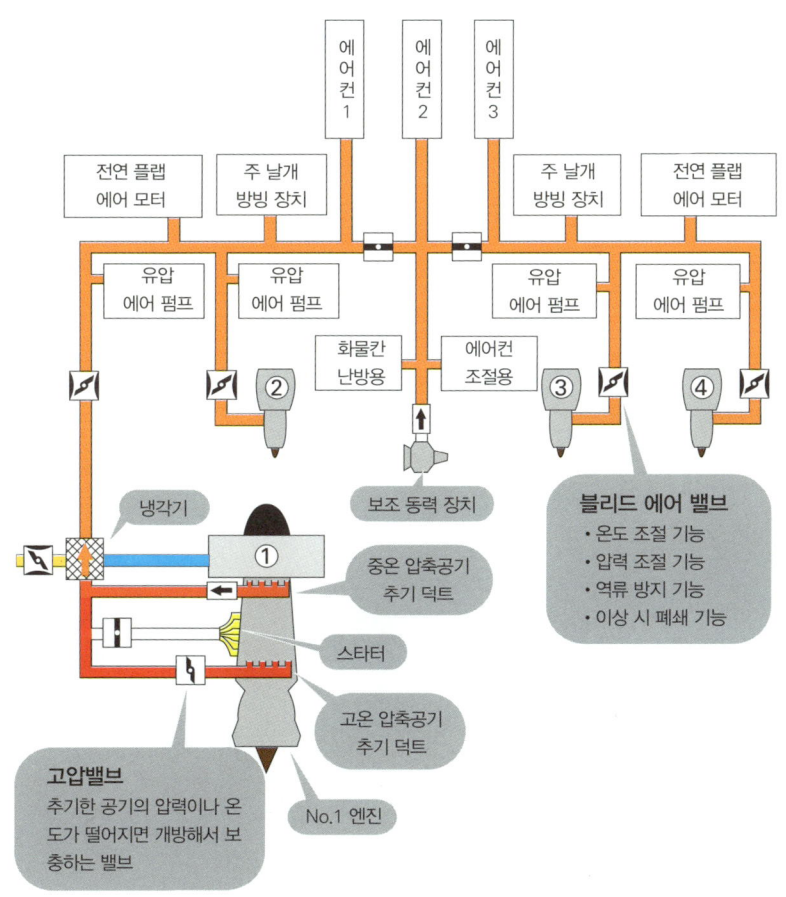

상기한 사용처 이외에도 유압 장치의 작동액 저장 용기나 각종 물 저장 탱크의 가압 등에 추기한 고압 공기를 이용한다.

액세서리 기어 박스

'심장'이라고 불리는 유압 펌프

　제트 엔진은 고압·고온 상태의 공기를 이용해 힘을 만들어내고, 이외에도 고속 회전을 이용하여 유압과 전력을 만들어낸다. 즉, 비행기는 제트 엔진이 만드는 네 가지 힘인 추력, 공기력, 유압력, 전력을 이용하여 하늘을 날고 있다.

　유압력이나 전력은 고압 압축기의 회전력을 이용한다. 그 이유는 엔진 시동용 스타터(starter)가 고압 압축기를 회전시키기 때문이다. 그래서 스타터뿐만 아니라 유압 펌프, 발전기, 윤활유 펌프, 엔진 펌프 등 회전력을 이용하는 장치는 한군데로 모아서 구동축을 매개로 고압 압축기와 연결되어 있다. 이렇게 펌프 등의 보조 기계류를 한꺼번에 구동하는 장치를 액세서리 기어 박스(보조 기계류 구동 장치)라고 한다. 오른쪽 그림의 CF6-80A 엔진을 예로 들어 살펴보자.

　먼저 유압 펌프는 비행기의 바퀴 출입 장치, 타이어 브레이크, 보조 날개나 방향타 등의 작동에 이용한다. 인간으로 비유하자면 혈관에서 혈액이 원활히 흐르게 해주는 역할을 혈압이 하는 것처럼 유압은 파이프 내의 작동액에 압력을 가하여 근육에 해당하는 각각의 액추에이터(actuator. 작동 장치)가 움직일 수 있도록 해준다. 에어버스 A330이나 보잉777의 유압은 약 $210 kg/cm^2$이고 에어버스 A380이나 보잉787은 좀 더 고압으로 약 $350 kg/cm^2$이다.

　유압 펌프는 회전 운동을 왕복 운동으로 바꾸는 캠의 각도가 엔진 회전수에 따라 조절되기 때문에 엔진의 회전수가 크게 변하더라도 일정한 유압을 유지할 수 있다.

액세서리 기어 박스의 구조

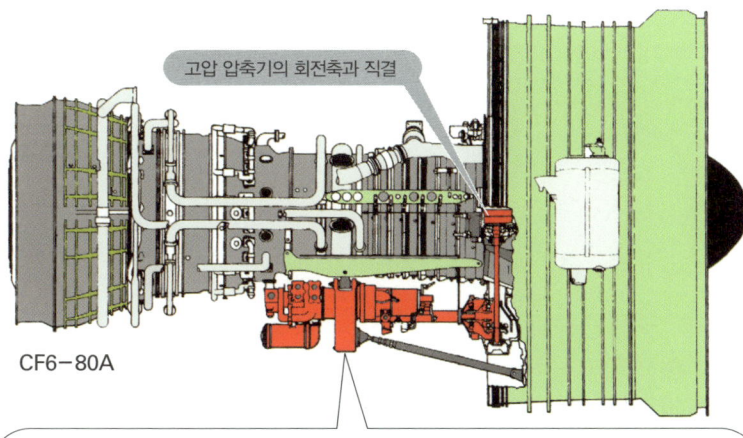

고압 압축기의 회전축과 직결

CF6-80A

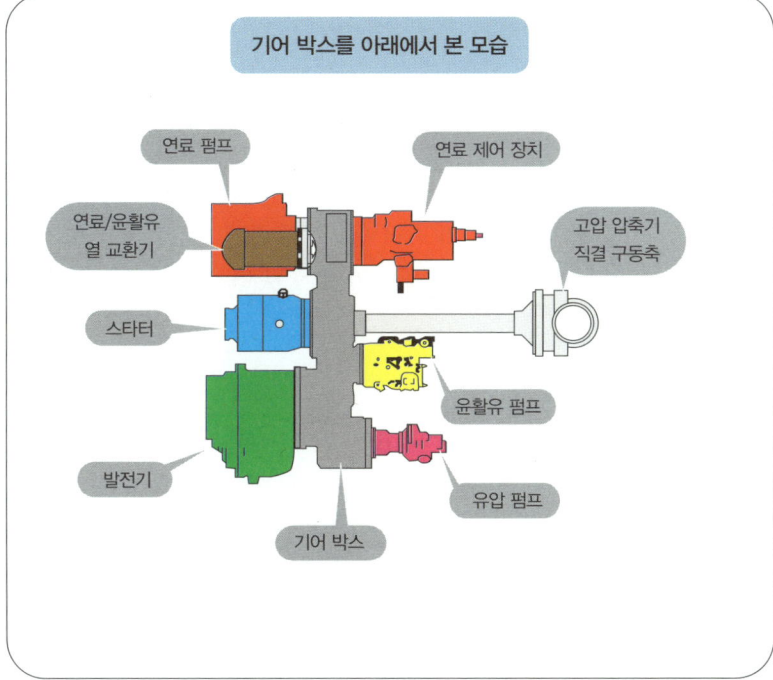

기어 박스를 아래에서 본 모습

연료 펌프
연료 제어 장치
연료/윤활유 열 교환기
고압 압축기 직결 구동축
스타터
윤활유 펌프
발전기
유압 펌프
기어 박스

발전기

기계식에서 전자식으로

4-06

이번에는 전력 관련 사항을 살펴보자. 자동차는 내비게이션, 파워 윈도우, 전동 시트 등에 전력을 이용한다. 오늘날 고도의 기술이 집약된 여객기는 예전 여객기와 비교할 수 없을 정도로 많은 장치에 전력을 활용한다.

항공 업계에서 사용하는 전력은 전압 115V(볼트), 주파수 400Hz(헤르츠)로 통일되어 있다. 400Hz 주파수를 지키기 위해서는 엔진 회전수와 상관없이 발전기 회전수를 일정하게 유지해야 한다. 발전기는 엔진과의 사이에 CSD(Constant Speed Drive)라는 정속 구동 장치를 장착하여 분당 8,000회전을 유지한다. 오른쪽 그림에 있는 보잉747(클래식 점보기)의 발전기 한 대는 열다섯 가구에 전력을 공급할 수 있는 수준인 60kVA(킬로볼트암페어)를 발전한다.

이후 IDG(Integrated Drive Generator)라는 정속 장치 내장형 발전기가 개발되어 소형 경량화는 물론이고 발전기 회전수가 분당 1만 2,000회전으로 CSD보다 1.5배 늘었으며 전력 공급 능력도 90~120kVA로 향상되었다.

그리고 VSCF(Variable Speed Constant Frequency)라는 가변속 정주파 전원 장치가 개발되어 기계적인 정속 구동 장치가 필요 없는 발전기가 만들어졌다. 이 장치는 반도체 스위치 기술을 이용하여 엔진 회전수에 따라 변하는 주파수를 일정하게 유지해준다. 기계적으로 작동하는 부분이 적기 때문에 전력 공급 능력도 크게 향상되어 250kVA나 된다.

VSCF는 엔진 사이에 거추장스러운 장치가 없기 때문에 보잉787에서는 전력 생산뿐만 아니라 반대로 전력을 공급하는 역할도 하며 엔진 스타트를 위한 전동 스타터로 활용하기도 한다.

발전기와 정속 장치

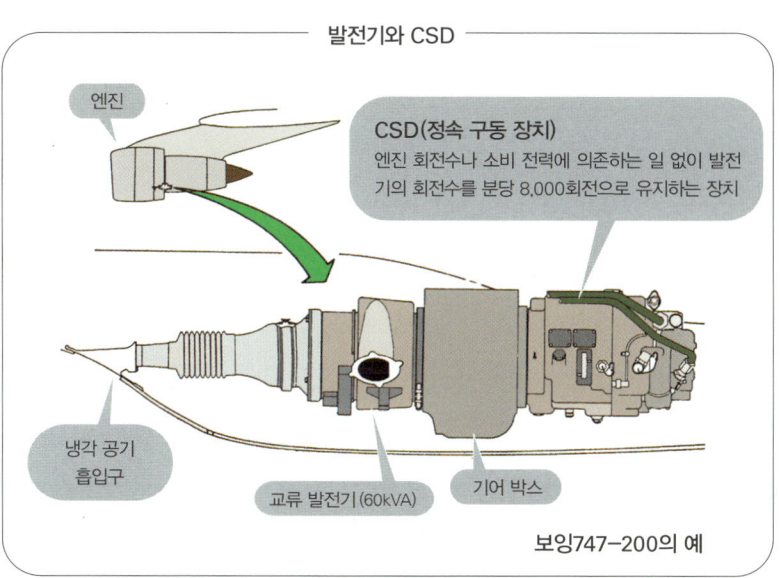

발전기와 CSD

- 엔진
- CSD(정속 구동 장치): 엔진 회전수나 소비 전력에 의존하는 일 없이 발전기의 회전수를 분당 8,000회전으로 유지하는 장치
- 냉각 공기 흡입구
- 교류 발전기(60kVA)
- 기어 박스

보잉747-200의 예

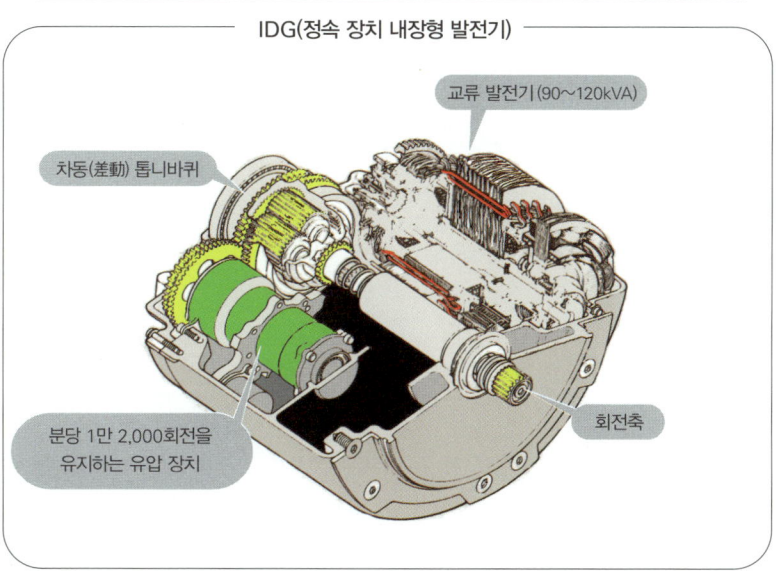

IDG(정속 장치 내장형 발전기)

- 차동(差動) 톱니바퀴
- 교류 발전기(90~120kVA)
- 분당 1만 2,000회전을 유지하는 유압 장치
- 회전축

윤활유 펌프

4-07

윤활 이외에 다른 역할도 한다

기어 박스는 엔진 자체를 보호하는 장치도 작동한다. 엔진 내부는 금속끼리 마찰이 일어나서 온도 상승이나 마모가 발생하며, 이 탓에 엔진 오작동을 빚을 수 있다. 이를 방지하기 위해 윤활유 펌프로 엔진 오일을 주입한다. 엔진 오일은 윤활뿐만 아니라 냉각, 세정, 녹이나 부식 방지 등 다양한 역할을 한다.

엔진 오일은 엔진 각 부분을 윤활한 후 배유 펌프(scavenge pump)로 모아서 재사용한다. 물론 다시 탱크로 돌아가기 전에 필터로 오물을 제거하고 열 교환기로 냉각 과정을 거친다.

제트 엔진은 피스톤 엔진처럼 구름 베어링을 사용하기 때문에 면과 면이 스치는 마찰 부분이 없다. 따라서 기본적으로 난기 운전은 필요 없다.

오늘날 제트 엔진의 추력이 커진 이유는 터빈 입구 온도의 제한치를 높게 설정할 수 있고, 엔진 오일의 품질이나 윤활 및 냉각 기술이 크게 발전했기 때문이기도 하다.

한편 CF6 엔진의 전체 엔진 오일은 25리터인데 이 중 엔진 윤활에 12리터를 사용한다. 그리고 엔진 오일의 최대 소비량은 시간당 0.75리터이기 때문에 12/0.75=16(시간), 다시 말해 엔진 오일 공급 없이 연속 비행이 가능한 시간은 16시간이다. 실제 운항의 경우 국내선은 마지막 비행편에 엔진 오일을 보급하고 장시간 비행하는 국제선은 도착할 때마다 보급한다.

윤활유의 순환 과정

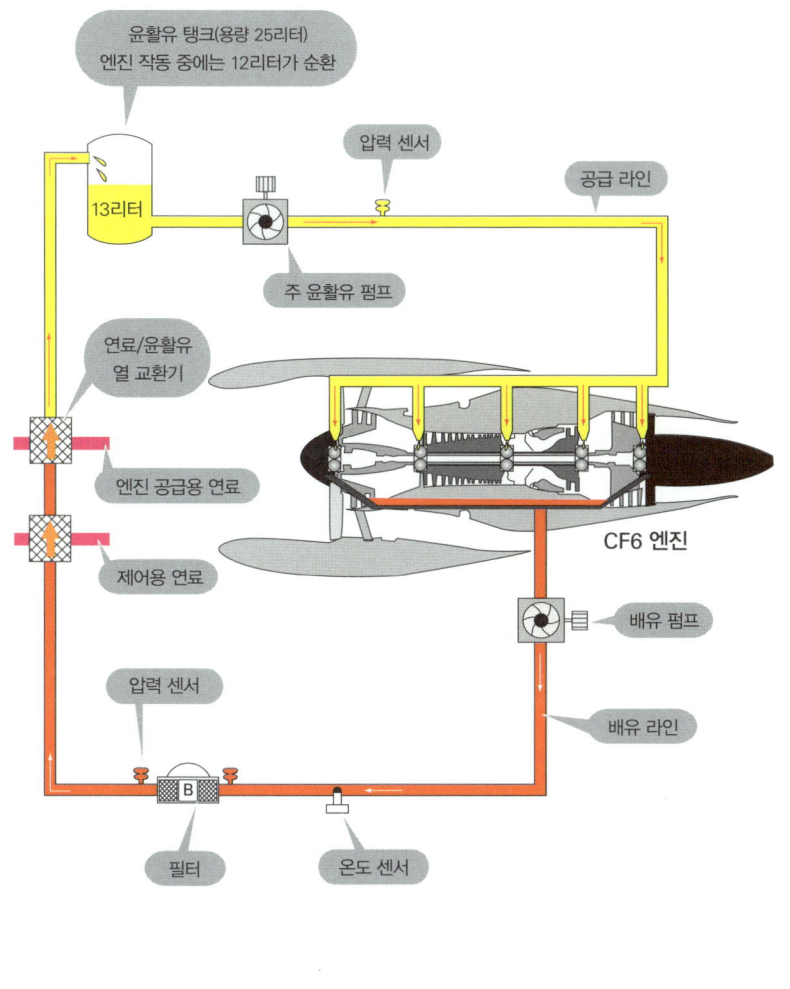

연료 펌프

압력을 높여 열 교환기로 공급

4-08

기어 박스는 연료 펌프와 연소실로 공급하는 연료량을 계산하는 장치는 물론이고 압축기의 가변 고정 날개를 연료의 힘으로 움직이는 장치처럼 엔진을 제어하는 장치도 작동한다.

주 날개의 연료 탱크 안에 있는 부스터 펌프(booster pump)로 엔진 근처까지 공급된 연료는 기어 박스로 구동되는 연료 펌프가 압력을 추가로 높인 후 열 교환기로 보낸다. 열 교환기는 연료와 윤활유 사이의 열을 교환하는 장치로 날개 안에서 냉각된 연료는 데우고, 엔진을 윤활하여 뜨거워진 윤활유는 냉각하는 역할을 한다.

온도가 낮은 상공을 장시간 비행하면 외기 온도의 영향을 크게 받는 날개 안의 연료 온도는 떨어진다. 연료 온도가 섭씨 영하 40도 이하로 떨어지면 연료의 성질이 변하여 연료를 엔진까지 공급할 수 없는 상태가 되기도 한다. 그래서 비행기는 탱크 안의 연료 온도가 섭씨 영하 40도 수준까지 떨어지면 외기 온도가 높은 고도로 강하해야 한다.

열 교환기나 필터를 통과한 연료는 둘로 나뉘어서 연료 유량을 정하는 연료 계량 장치로 들어간다. 본류는 연소실로 들어가는 연료이고 지류는 연료 유량을 정하는 연료 계량 밸브(metering valve)나 압축기의 고정 날개를 작동하는 서보(servo)용 연료로 사용한다. 이렇게 작은 액추에이터나 밸브 등의 작동에도 연료가 사용되는데, 이는 비행기의 바퀴를 올리고 내리는 유압 장치와 같은 원리다. 마지막으로 연료는 연료 계량 장치가 연소량을 정하면 분사 노즐로 향하고 이로써 액체 상태인 연료의 역할은 끝난다.

연료 공급 과정

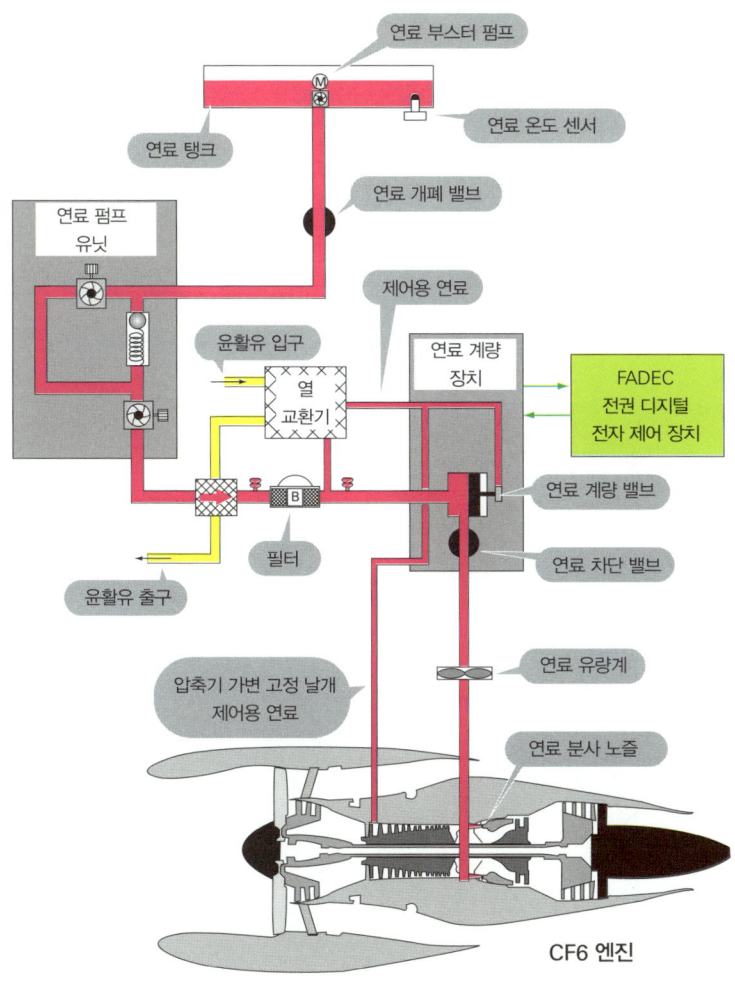

연료 탱크

연료 배분이 중요하다

4-09

이번에는 연료 탱크를 주 날개 안에 탑재하는 이유와 엔진으로 공급하는 방법을 알아본다. 비행기를 지탱하는 날개는 큰 힘을 받기 때문에 매우 견고하다. 특히 날개와 동체의 접합부가 약하면 날개가 꺾여서 부러지고 만다. 그래서 접합부에 작용하는 힘을 조금이라도 줄여야 하는데 그 역할을 날개 안의 연료가 한다. 즉, 날개 안에 있는 연료의 무게가 일종의 누름돌 역할을 한다.

날개 안의 연료가 줄면 날개와 동체 접합부에 작용하는 힘이 커지고, 연료가 다 떨어지면 그 힘은 최대가 된다. 그래서 연료량에 따라 비행기 무게를 제한하는데, 이때 최대 비행기 무게를 최대 무연료 중량(Maximum Zero Fuel Weight)이라고 한다.

날개와 동체 접합부의 강도를 유지하기 위해 탱크에서 엔진으로 연료를 공급하는 방법에도 다양한 아이디어를 적용한다. 오른쪽 그림처럼 좌우의 주 날개와 동체 중앙 부분에 탱크 세 개가 탑재된 보잉777은 중앙 탱크의 연료를 먼저 공급하고, 중앙 탱크가 비면 각 탱크에서 각각의 엔진으로 연료를 공급한다.

또 좌우 탱크의 연료량에 차이가 발생하는 경우도 고려해야 한다. 예를 들어 비행 중 왼쪽 엔진이 돌연 정지한다면 왼쪽 탱크의 연료는 사용할 수 없기 때문에 좌우 탱크의 연료량이 달라진다. 그래서 좌우로 상호 공급이 가능하도록 크로스 피드 밸브(cross feed valve)가 고안되었다.

연료 탱크의 배치

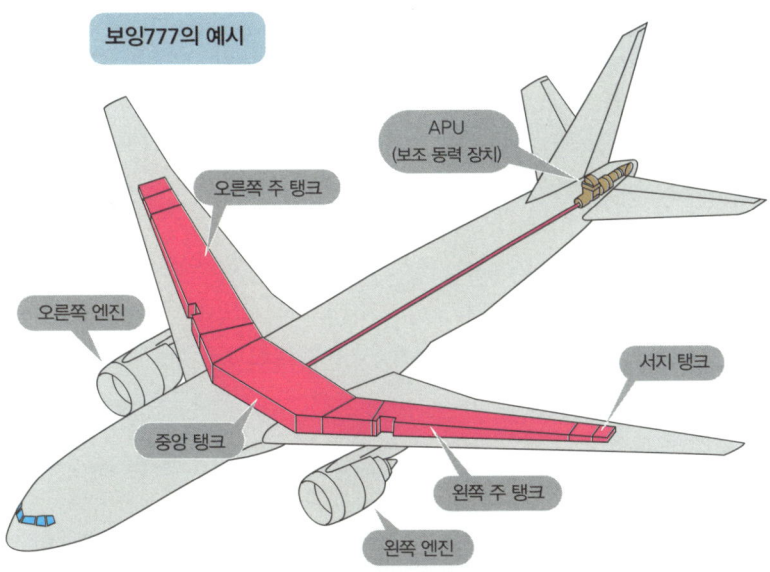

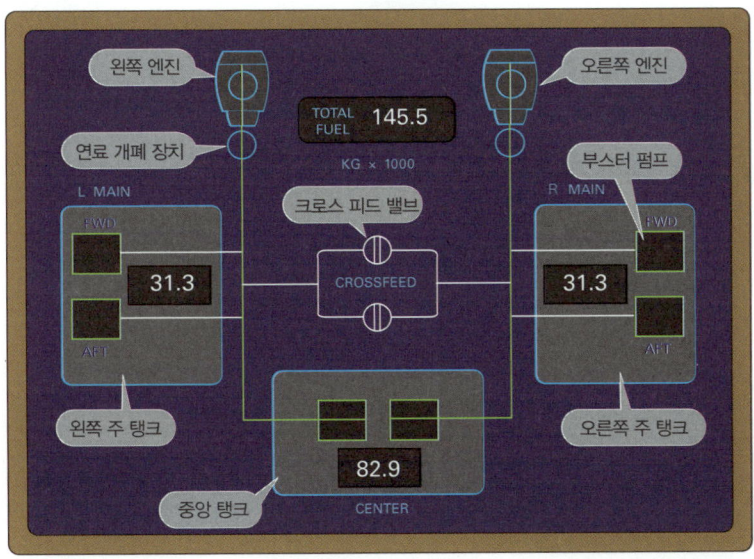

제트 엔진의 액세서리

파일럿이 수동으로 조작한다

4-10

비행기에서 자동차의 가속 페달에 해당하는 장치는 스러스트 레버인데, 스러스트(thrust. 추력)를 컨트롤하는 레버라는 의미다. 하지만 리시프로 엔진 시대부터 불려왔던 명칭인 스로틀 레버 또는 파워 레버라고도 한다. 참고로 업계에서는 스러스트 레버를 조작할 때 '파워를 줄이다. 파워를 더하다.'라는 표현을 사용한다.

스러스트 레버를 앞으로 밀면 추력이 커지고 당기면 작아진다. 최소 추력 전인 스토퍼(stopper)까지 당기면 아이들 위치다. 그리고 조작 중 레버에서 손을 놓아도 그 위치는 바뀌지 않는다. 즉, 자동차의 가속 페달처럼 아이들로 되돌아가지 않는다.

스러스트 레버 앞에는 착륙하거나 이륙을 중지할 때 공기를 역분사하여 브레이크 역할을 하는 리버스 스러스트(reverse thrust. 통상 리버스 레버라고 함)가 있는데 레버를 당기는 정도에 따라 역분사 출력을 조절할 수 있다. 스러스트 레버 바로 밑에는 연료 밸브를 개폐하는 장치가 있다. 명칭은 비행기 기종에 따라 스타트 레버, 연료 컨트롤 스위치, 엔진 마스터 스위치, 엔진 마스터 레버 등으로 부르지만 기종 여하를 불문하고 엔진 개수만큼 달려 있다. 엔진 상태가 나쁠 경우 그 엔진만 파워를 줄이거나 정지할 필요가 있기 때문이다.

보잉기의 스러스트 레버는 아이들부터 최전방의 스토퍼까지 자유롭게 조절할 수 있다. 이에 비해 에어버스기는 A320 이후부터 이륙이나 상승 시에 사용하는 추력의 레버 위치와 레버 조절 범위가 정해져 있다.

여객기 기종에 따른 레버의 모습

에어버스 A380 4발기
그림 상태
No.1 스러스트 레버 : 아이들
No.2 엔진 마스터 레버 : 오프

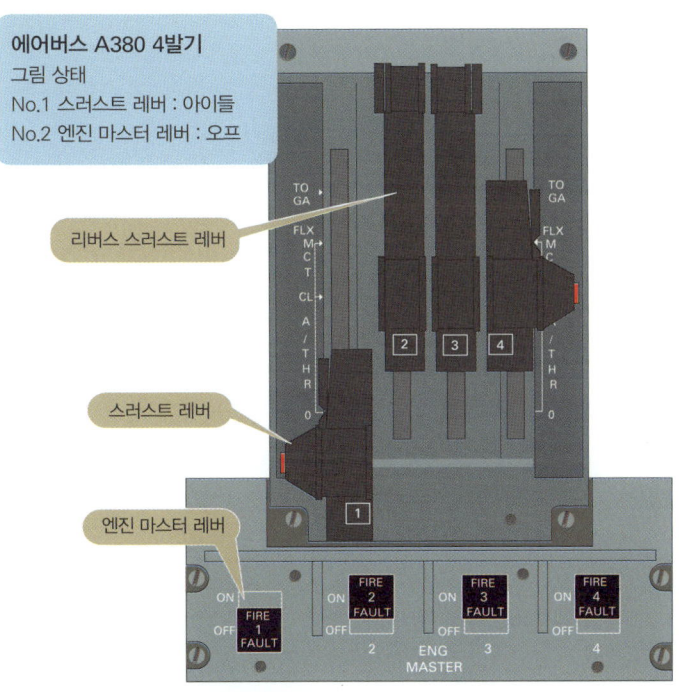

보잉777 쌍발기
그림 상태
왼쪽 스러스트 레버 : 아이들
왼쪽 연료 컨트롤 스위치 : 컷 오프

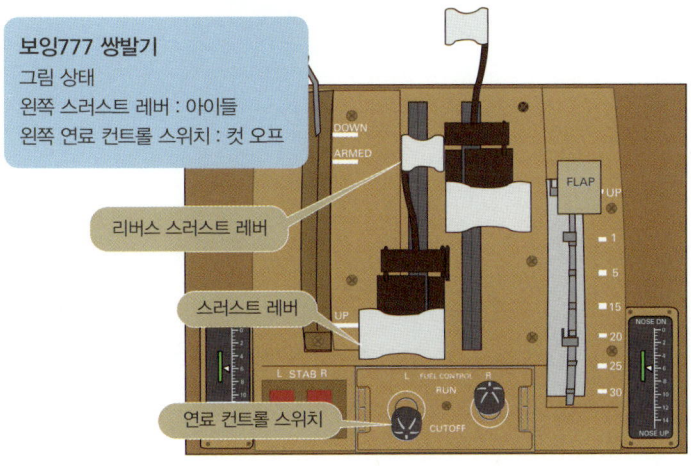

정격 추력이란 무엇인가?

4-11

각 단계별 최대 추력이 정해져 있다

비행기는 파일럿이라도 추력을 마음대로 사용할 수 없게 설계되어 있다. 특히 에어버스 기종은 이륙이나 상승 시 스러스트 레버의 위치가 정해져 있다. 그 이유는 무엇일까?

여객기는 이륙 개시부터 착륙할 때까지 갑자기 엔진이 멈추더라도 남은 엔진으로 안전하게 비행할 수 있는 성능을 갖춰야 한다. 예를 들어 이륙 중에 엔진이 고장 나더라도 높은 산이나 장애물을 여유롭게 통과할 수 있어야 하고, 착륙 시도가 실패하더라도 남은 엔진으로 복행(고 어라운드)할 수 있어야 한다는 것이다. 이런 이유로 항공 운송 사업용 비행기(비행기 운송T)에는 단발기가 없다.

최대 이륙 추력과 최대 연속 추력은 이런 성능을 만족시키는 최대 추력이다. 최대 이륙 추력은 이륙 시 사용하는 최대 추력으로 제한 시간은 5분(또는 10분)이다. 고 어라운드 추력도 최대 이륙 추력과 힘이 동일하며 제한 시간도 같다. 그리고 최대 연속 추력은 이륙 시 이외에 엔진이 정지한 경우처럼 긴급 상황이 발생했을 때 연속적으로 사용할 수 있는 최대 추력을 말한다. 참고로 이 두 가지 추력에서 '최대'가 의미하는 바는 엔진이 연소실 내 압력과 터빈 입구 온도를 견딜 수 있는 수준을 말한다.

이렇게 엔진 성능과 신뢰성이 담보된 제한치를 근거로 설정한 최대 추력을 정격 추력이라고 한다. 엔진 제조사나 여객기 제조사 혹은 항공사 등은 엔진 내구성을 높이기 위해 평소 비행을 할 때 권장하는 최대 상승 추력이나 최대 순항 추력을 독자적으로 설정하기도 한다.

에어버스의 스러스트 레버 위치

에어버스기(A320 이후)는 사용 가능한 최대 추력의 스러스트 레버 위치가 정해져 있다. 그림의 예는 에어버스 A330.

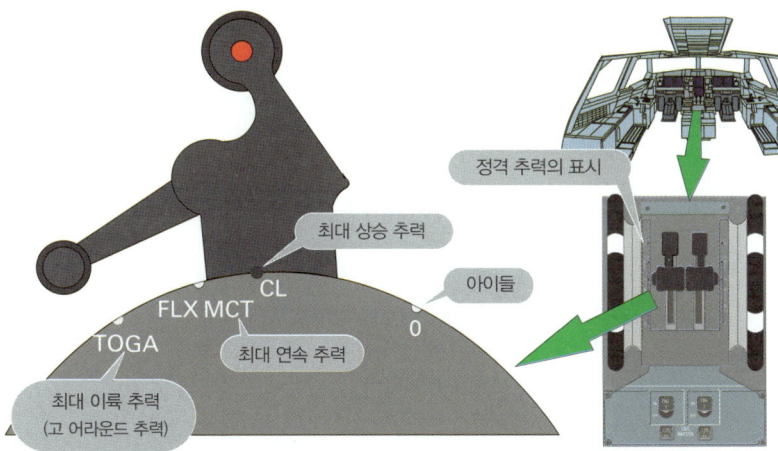

* FLX : 감소된 이륙 추력을 사용할 때의 위치. MCT와 같은 위치.

> **정격 추력** : 엔진 강도에 제한을 두고 성능과 신뢰성을 담보할 수 있는 최대 추력
>
> - **최대 이륙 추력**(고 어라운드 추력, TOGA, Take Off & Go Around)
>   이륙 또는 착륙 중지로 인해 복행(고 어라운드)할 필요가 있을 때 사용하는 최대 추력으로 사용 제한 시간은 5분(또는 10분).
>
> - **최대 연속 추력**(MCT, Maximum Continuous Thrust)
>   엔진 고장 같은 긴급 상황에 연속으로 사용 가능한 최대 추력.
>
> - **최대 상승 추력**(MCLT, Maximum Climb Thrust)
>   평소 상승할 때 사용하는 최대 추력으로 최대 연속 추력과 같은 엔진도 있다. 위 그림의 'CL'은 에어버스사의 호칭이다.
>
> - **최대 순항 추력**(MCRT, Maximum Cruise Thrust)
>   평소 순항(일정 고도를 일정 속도로 비행하는 상태)할 때 사용 가능한 최대 추력이다. 별도로 설정할 수 없는 엔진도 있다.
>
> *(최대 이륙 추력) > (최대 연속 추력) ≥ (최대 상승 추력) > (최대 순항 추력)

스러스트 레버의 작동 범위

4-12

파일럿이 수동으로 조작하는 경우

에어버스 A330은 최대 이륙 추력이나 최대 연속 추력 등 정격 추력을 설정하는 스러스트 레버의 위치가 정해져 있다. 그리고 정격 추력은 연소실 내의 압력과 터빈 입구 온도에 따라 제한되기 때문에 엔진이 흡입한 기압과 온도에 영향을 받는다. 그래서 레버 위치는 정해져 있지만 기압과 기온에 따라 발휘할 수 있는 최대 추력의 크기는 다르다. 예를 들어 외기 온도가 높으면 터빈 입구 온도도 상승하기 때문에 제한 온도를 초과하지 않도록 연료 유량을 줄여 최대 이륙 추력을 낮추는 식이다.

보잉777은 정격 추력의 스러스트 레버 위치를 별도로 정하지 않는다. 최대 이륙 추력을 설정할 때는 엔진 계기에 표시되는 기압과 기온으로 산출된 목표치에 맞춰 스러스트 레버를 조절한다. 목표치는 기압이나 기온에 따라 달라지기 때문에 레버 위치도 달라진다. 그리고 에어버스 A330의 엔진과 마찬가지 이유로 기온이 상승하면 최대 이륙 추력은 작아진다.

정격 추력 이외의 추력 설정, 예를 들어 비행 속도나 비행기의 자세를 컨트롤하기 위한 추력 설정은 에어버스 A330의 경우 아이들(0)부터 상승 추력 위치(CL) 사이에서 추력을 조절할 수 있다. 단, 엔진 고장 같은 긴급사태가 발생하면 더 큰 추력이 발생하는 최대 연속 추력(MCT)까지 사용할 수 있다.

한편 보잉777은 아이들부터 전방 스토퍼까지 조절할 수 있다. 그 대신 파일럿은 엔진 계기판을 보며 정격 추력을 넘지 않도록 확인해야 한다.

기종에 따른 스러스트 레버가 움직이는 범위

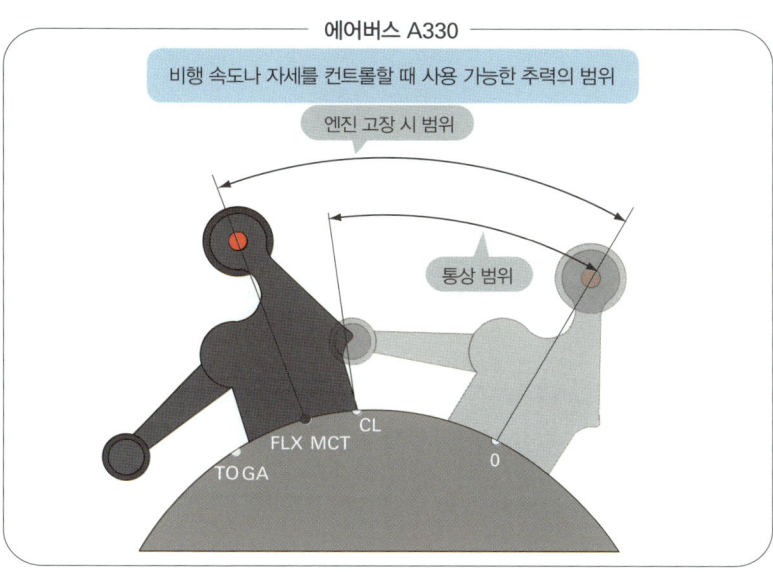

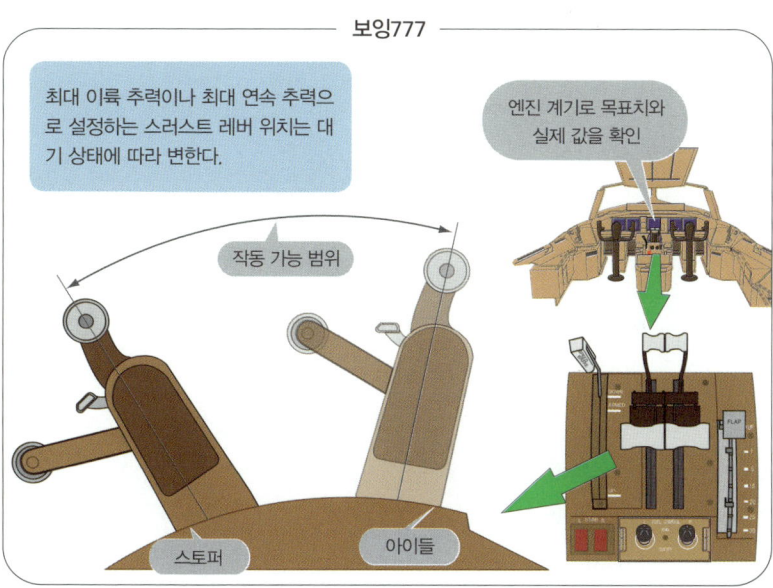

리버스 레버

파일럿이 수동으로 조작한다

4-13

비행기는 착륙 후 한정된 활주로 안에서 확실히 정지해야 한다. 이를 위해 타이어 브레이크를 사용하는 한편 바퀴가 땅에 닿자마자 스피드 브레이크라는 주 날개 위에 있는 작은 판들을 일제히 세운다.

착륙할 때는 엔진 소리가 커지는데 이른바 역분사 장치를 작동하기 때문이다. 역분사라고 해도 엔진을 역회전시켜서 입구에서 분사하는 방식이 아니다. 정확히 말하자면 팬이 분사하는 공기가 전방을 향하게 바꾸는 제동 장치로 팬 역추력 장치(fan reverser)라고 한다. 추력의 80퍼센트 정도는 팬이 만들어내기 때문에 팬의 흐름을 바꾸는 것만으로도 감속 효과는 충분하다.

팬 역추력 장치를 가동하는 리버스 레버는 스러스트 레버를 아이들 위치로 설정하면 작동하고, 당기면 당길수록 역추력은 커진다. 타이어 브레이크와 달리 활주로 면과 관계없는 제동 장치이기 때문에 활주로가 미끄러운 상태라도 감속 효과에는 변함없다.

비행기 카탈로그에 실려 있는 착륙 거리는 역추력 장치 사용을 고려하지 않은 거리다. 그 이유는 한쪽 엔진이 고장 났을 때 역추력 장치를 사용하면 좌우의 추력 균형이 무너지기 때문이다. 이런 이유로 4발기인 에어버스 A380의 경우, 동체에서 약 26m 떨어진 바깥쪽 좌우 엔진에 역추력 장치가 없다. 실제 비행에서도 활주로 상태가 좋으면 소음 경감과 연료 절약을 위해 역분사 장치를 사용하지 않고 착륙하는 경우가 많다.

역분사 장치의 제동

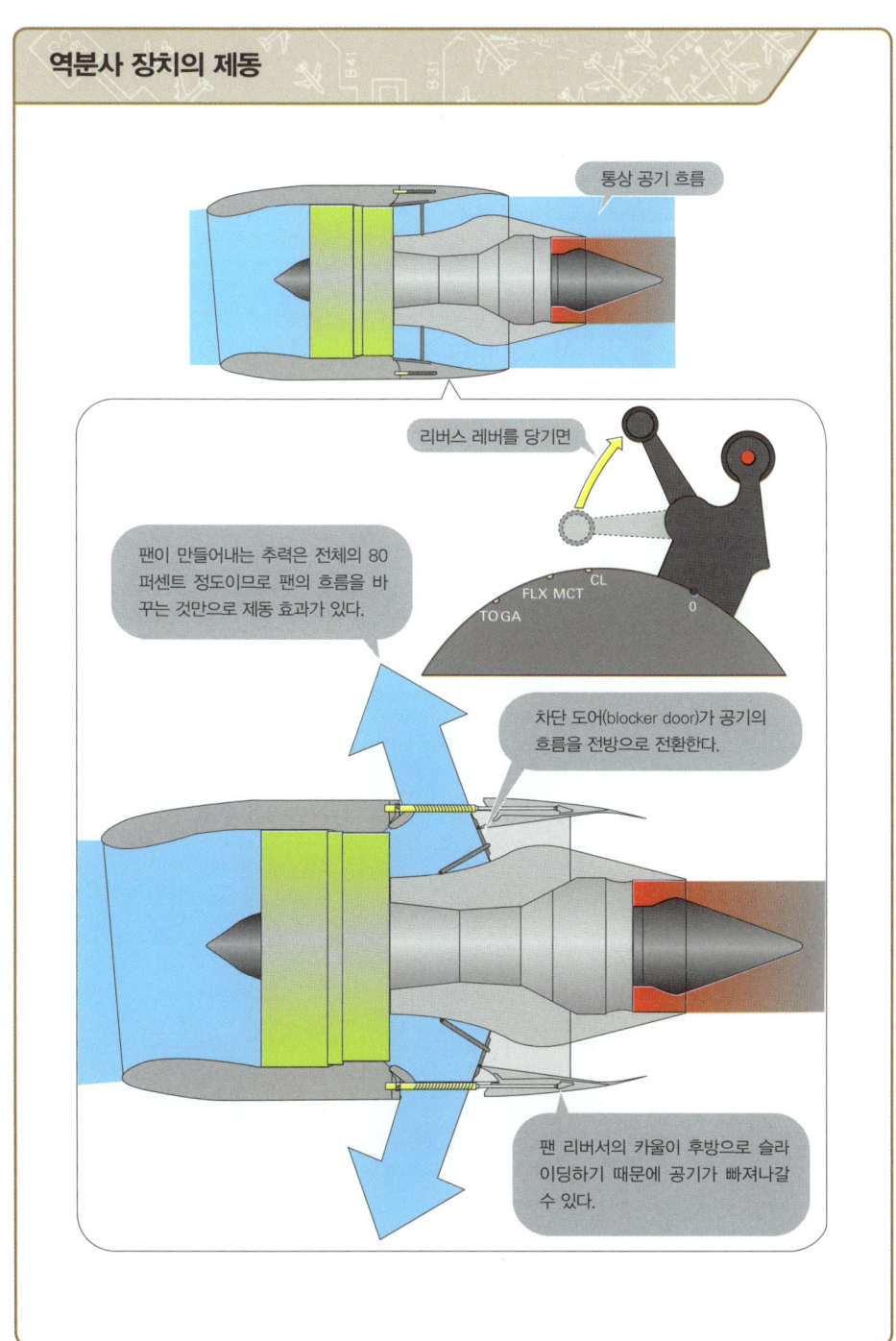

스러스트 레버의 작동에 따른 추력 변화

앞으로 밀면 어떤 일이 벌어지나?

여기서는 스러스트 레버를 앞으로 밀면 추력이 어떻게 변하는지 알아보자. 스러스트 레버를 앞으로 밀면 그 각도에 따라 정해진 만큼 연료가 연소실로 공급된다. 이때 연소 온도와 압력이 상승하면 터빈으로 내뿜는 가스양과 속도가 증가하고 엔진 회전 속도가 빨라지며, 공기 흡입구가 빨아들이는 공기량도 늘어난다. 그 결과 엔진이 분출하는 공기량이 늘어나 분사 속도도 빨라지며 결과적으로 레버를 앞으로 밀면 추력이 커진다.

단순히 연료 유량을 늘린다는 개념이 아니다. 연료를 급격히 늘리면 연료가 지나치게 농밀해져 연소실 안의 불이 꺼지는 플레임 아웃 현상이 발생하기도 한다. 또 연소를 위한 공기가 충분하더라도 한 번에 연소시키면 연소실 안의 압력이 압축기의 압축 능력 이상으로 상승하여 공기 흐름이 멈추거나 역류하는 서징 현상이 일어날 수도 있다. 또한 고출력 상태에서 갑자기 연료 유량을 줄여도 관성 때문에 큰 팬이나 압축기는 곧바로 감속하지 않는다. 그 결과 공기량이 과다하여 플레임 아웃이 일어날 수 있다.

파일럿이 플레임 아웃이나 서징을 주의하면서 스러스트 레버를 조작하지 않으면 안전한 비행을 보장받을 수 없다. 예를 들어 착륙을 중단하고 고 어라운드를 해야 한다면 8초 이내에 아이들에서 최대 추력까지 가속해야 비행기가 상승한다. 참고로 이런 상황에서 서징이나 플레임 아웃을 방지해주는 장치가 있는데 이를 전자 엔진 제어 장치라고 한다.

스러스트 레버의 작동 구조

보잉777 GE90-115B 엔진

연료 컨트롤 스위치

FUEL CONTROL
L R
RUN
CUTOFF

스러스트 레버

스러스트 레버 각도 센서

전기 신호

연료 탱크에서

전자 엔진 제어 장치
스러스트 레버 각도, 비행 속도, 고도 등의 전기 신호를 받아서 연료 유량을 결정하고 엔진의 모든 사항을 제어한다.

FADEC

개폐 밸브

B HMU

연료 펌프

HMU(Hydraulic Mechanical Unit)
연료 유량을 정하는 고압 기계 장치

엔진 제어 장치

FADEC(전권 디지털 엔진 제어 장치)

4-15

보잉727 세대의 엔진 제어는 캠, 레버 등을 조합한 유압 기계 방식이었다. 바꿔 말하면 모든 작동이 아날로그로 처리되며 스러스트 레버의 조작에 따른 연료 유량만 산출하면 되기 때문에 FCU(Fuel Control Unit. 연료 제어 장치)라고 한다. 서징을 방지하기 위한 추기 밸브는 압축기 안의 압력을 측정한 결과에 따라 밸브를 제어하는 독립 장치였다. 또 정격 추력은 터빈의 재질이나 냉각 등의 이유로 터빈 입구 온도로만 제한하는 풀 레이팅(full rating)으로 결정했기 때문에 외기 온도로 산출한 엔진 출력표를 근거로 설정했다.

보잉747-100 세대에 이르러서는 추력 증대를 위한 높은 바이패스비와 대형화 추세로 인해 터빈 입구 온도뿐만 아니라 연소실 안의 압력에도 제한을 둬야 했다. 정격 추력의 목표치는 외기 온도, 비행고도, 비행 속도에 따라 바뀌었고, 엔진 출력표 대신에 목표치를 산출하는 장치와 그 목표치를 자동적으로 제어하는 자동 추력 제어 장치가 개발되었다. 그렇지만 엔진 본체 제어는 일부 장치에만 컴퓨터가 도입되었을 뿐이고 나머지는 여전히 아날로그 방식이었다.

이후 엔진의 디지털화는 에어버스 A320으로 대표되는 플라이 바이 와이어 기술이 탑재되면서 본격적으로 전개되었다. 플라이 바이 와이어 기술은 도움날개나 방향키를 전기 신호로 작동하는 기술인데, 컴퓨터가 엔진을 종합적으로 관리, 제어하는 FADEC(Full Authority Digital Engine Control. 전권 디지털 엔진 제어 장치) 또는 EEC(Electronic Engine Control. 전자 엔진 제어 장치)를 개발해서 비행기에 적용한 것이다. FADEC는 오른쪽 그림의 기능 이외에도 베어링 부분이나 기어 박스의 온도 감시, 연료 소비량 산출 등 많은 기능을 수행한다.

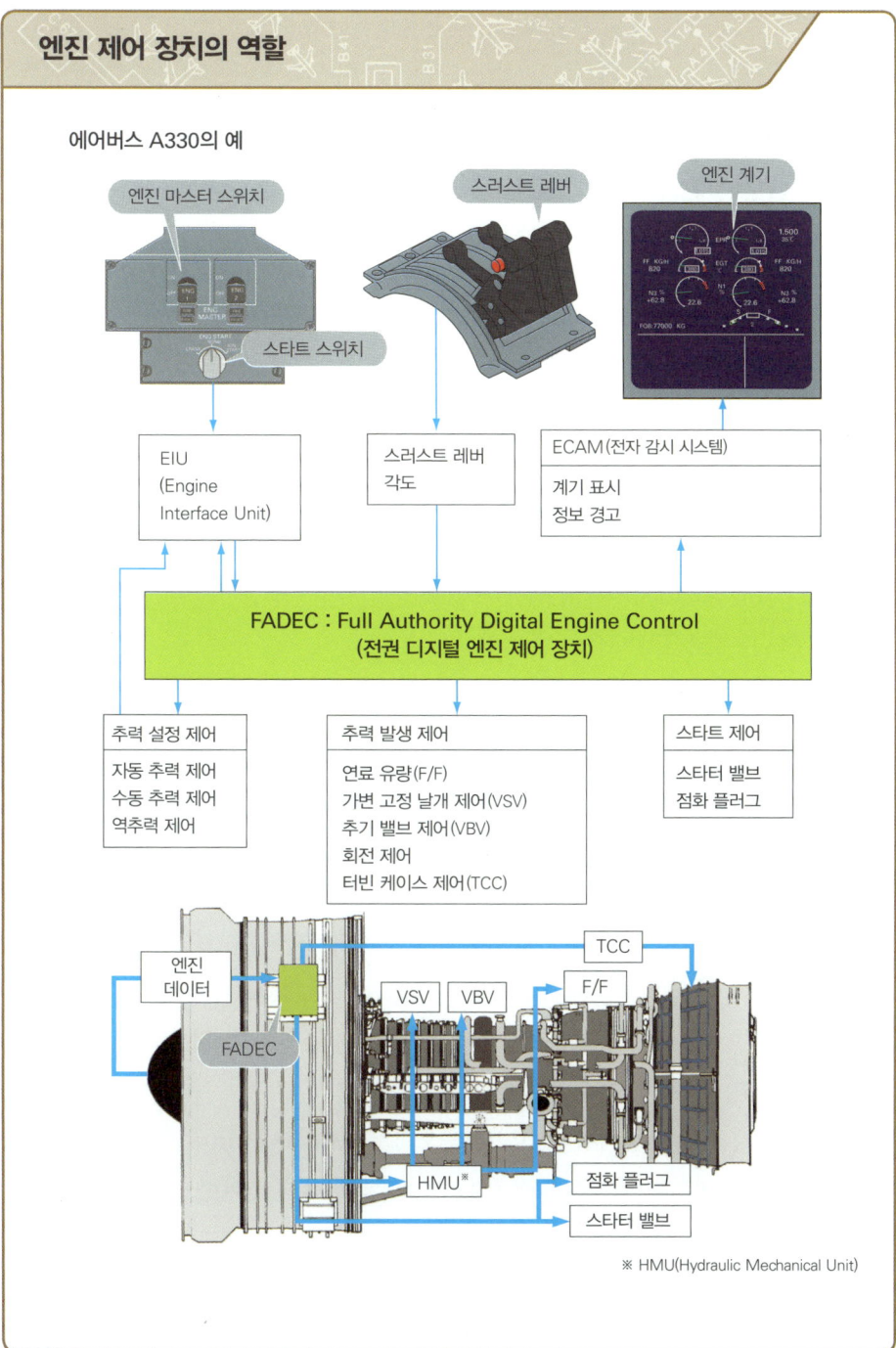

스타터

엔진 시동을 돕는다

4-16

비행기가 출발할 때 엔진에 바로 연료를 공급하고 연소시켜 스타트하지는 않는다. 엔진은 스스로 회전할 수 있는 아이들 상태에 이르기까지 도움이 필요하다.

먼저 자동차의 경우를 살펴보자. 자동차 열쇠를 돌리면 셀모터가 크랭크축을 매개로 피스톤을 밀어 내린다. 그리고 실린더는 연료와 공기로 이루어진 혼합 기체를 흡입하고 모터가 피스톤을 밀어 올려서 혼합 기체를 압축한다. 마지막으로 점화 플러그가 불꽃을 만들어 연소를 일으키면 엔진 스타트가 완료되고 이후부터는 셀모터의 도움이 필요 없다.

스타터는 제트 엔진에서 자동차의 셀모터에 해당하는 장치다. 대다수의 여객기는 뉴매틱 스타터(pneumatic starter)라는 소형의 경량 에어 모터를 사용한다. 이 모터는 압축공기로 회전한다. 스타터 구동에는 1.7~3.7기압의 압축공기가 필요하며, 스타터는 기어 박스를 매개로 고압 압축기를 분당 약 3,000회전시키는 능력이 있다.

보잉787은 엔진 구동 발전기를 모터로 변신시켜 스타터로 이용한다. 모터와 발전기 사이의 관계는 음파를 전파로 바꾸는 마이크와 전파를 음파로 바꾸는 스피커의 관계와 유사하다. 다시 말해 전류를 흘리면 모터가 되고 회전시키면 발전기가 되는 성질을 이용한 것이다. 다만 엔진 사이의 주파수를 일정하게 유지해주는 정속 구동 장치가 장비되어 있으면 스타터로 이용할 수 없다. 그래서 정속 구동 장치 없이 엔진은 알아서 발전기를 회전시키고 비행기에 필요한 주파수인 400Hz는 반도체 스위치 기술로 유지한다.

CF6-80A의 스타터 구조

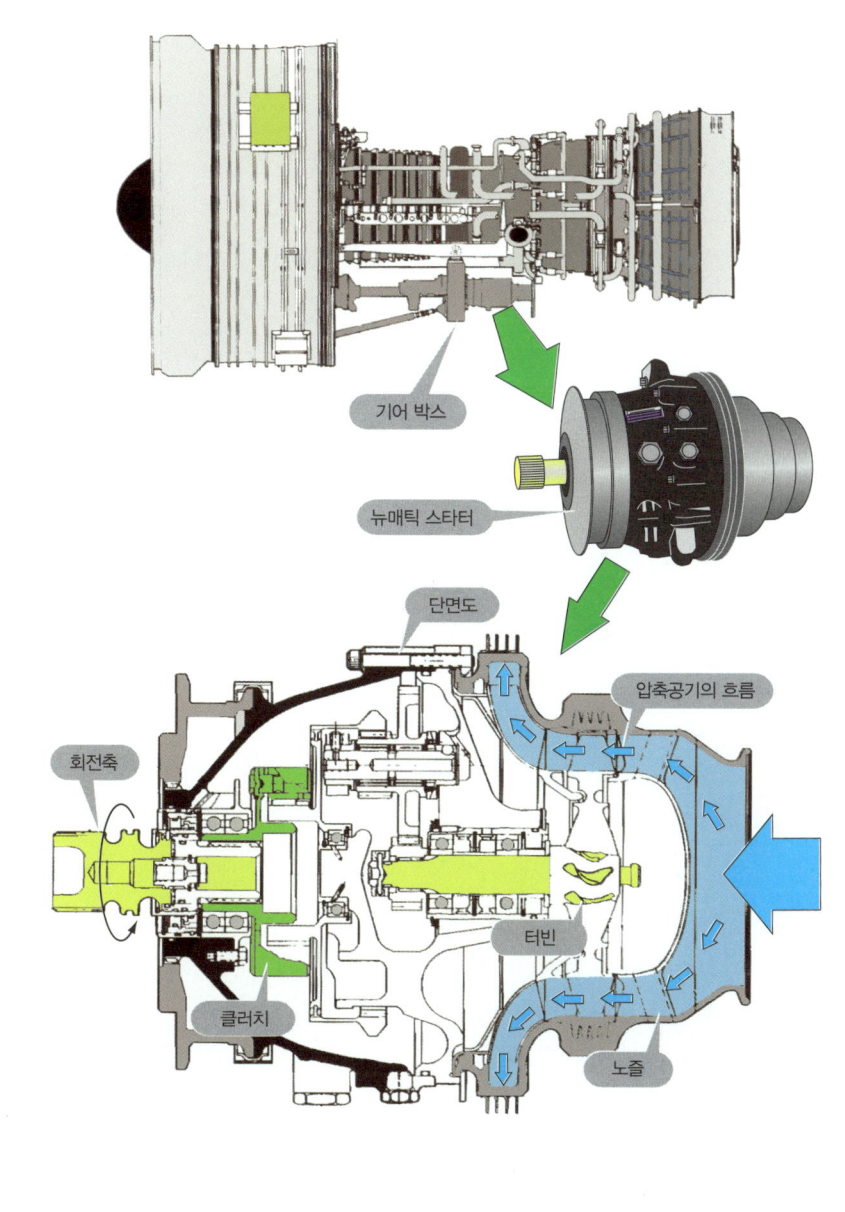

엔진 시동 장치

4-17

스위치 두 개로 엔진 스타트

제트 엔진을 스타트하기 위해서는 스타터, 점화 플러그, 연료 컨트롤 스위치가 필요하다. 보잉777을 예로 들어 제트 엔진 스타트 순서를 알아보자.

먼저 스타트/이그니션(시동/점화) 선택 스위치에서 '스타트'(START)를 선택하면 스타트 밸브가 열리고 스타터로 압축공기가 공급되어 엔진이 회전한다. 기어 박스를 매개로 고압 압축기도 회전하고 엔진 공기 흡입구에서 공기가 자연스럽게 흡입된다. 그리고 연료 컨트롤 스위치를 '런'(RUN) 위치에 두면 연료 개폐 장치가 열린다. 하지만 연료가 바로 연소실로 공급되지는 않는다. 개폐 장치 앞에는 고압 밸브라는 또 하나의 개폐 장치가 있어 연소에 충분한 공기량이 모일 때까지 닫혀 있다.

고압 압축기가 분당 약 2,000회전하면 고압 밸브가 열리고 점화 플러그가 불꽃을 일으키는 연소실 안으로 연료가 분사된다. 일반 가정의 가스레인지처럼 딸각하고 불꽃을 만든 뒤에 가스가 나오는 식과 같다. 이런 순서를 지키는 이유는 연료를 먼저 공급하고 불꽃을 튀기면 화재가 날 수 있기 때문이다. 점화에 성공해도 분당 약 5,000회전이 될 때까지 스타터가 보조해줘야 한다. 이후 엔진 스스로 가속하여 아이들 회전에 이르면 스타트가 일단락된다.

아이들 회전 이후에는 엔진이 연속으로 연소하기 때문에 점화 플러그는 자동차처럼 주기적으로 불꽃을 일으키지 않는다. 그러나 엔진 방빙 장치를 작동하고, 이착륙할 때 플레임 아웃이 일어나는 일을 방지하기 위해 자동으로 점화 플러그가 작동하는 엔진도 있다.

보잉777의 엔진 시동

스타트/이그니션 선택 스위치

L — START/IGNITION — R
NORM NORM
START CON START CON
AUTOSTART ON

L FUEL CONTROL R
RUN
CUTOFF

연료 컨트롤 스위치

전기 신호

연료 밸브

고압 밸브

EEC 전자 엔진 제어 장치

스타터

점화 플러그

스타터 밸브

압축공기

방화 대책

엔진 화재 시 대책

4-18

엔진 본체와 엔진 카울 사이에는 연료, 윤활유, 유압 장치 작동액 등 가연성 액체가 흐르는 배관이 있다. 그리고 이들 근처에는 엔진에서 추기한 고온의 공기를 에어컨이나 방빙 장치로 공급하는 덕트가 있다. 만약 덕트에서 고온의 공기가 샌다면 가연성 액체가 가열되어 엔진 화재를 일으킨다.

이를 막기 위해 방화 장치가 있는데 오른쪽 그림은 보잉777의 엔진 방화 장치의 구조다. 엔진과 카울 사이에 설치된 엔진 화재 감지 장치가 화재를 감지하면 경보 벨 작동, 마스터 경고등 점등, 파이어 핸들 점등, 연료 컨트롤 스위치 점등 같은 경고를 하고 '좌(우) 엔진 화재'라는 붉은색 문자가 디스플레이에 표시된다. 벨 소리는 조종실에서 대화에 지장이 있을 정도로 크게 울리기 때문에 먼저 어느 쪽 엔진의 화재인지 확인한 후에 마스터 경고등을 눌러서 벨 소리를 멈춘다. 단, 이들 경고등은 진화가 완료될 때까지 점등 상태를 유지한다.

스러스트 레버를 아이들로 설정하거나 엔진을 정지해도 경고등이 꺼지지 않고 화재가 계속된다면 파이어 핸들을 당겨 연료 개폐 밸브나 추기 밸브를 잠그고, 유압 장치 작동액을 차단하여 발전기를 정지한 후 소화제 분사를 준비한다. 그래도 화재가 계속된다면 핸들을 돌려서 소화제를 분사한다. 여객기는 엔진당 소화제를 2회 이상 분사할 수 있다. 핸들을 다시 반대편으로 돌리면 한 번 더 소화제가 분사된다.

엔진 방화 장치의 구조

- 엔진 화재 표시: FIRE ENG L
- 마스터 경고등 점등: WARNING / CAUTION
- 벨 작동: 삐, 삐, 삐 —

- 연료 컨트롤 스위치 점등: L FUEL CONTROL R / RUN / CUTOFF
- 파이어 핸들 점등: ENG BTL 1 DISCH / ENG BTL 2 DISCH / LEFT / RIGHT

- 소화제 탱크 1
- 소화제 탱크 2
- 소화제 방출 밸브
- ENG BTL 1 DISCH
- 역류 방지 밸브
- 보잉777의 예

127

토막 상식
004

방빙 장치와 외기 온도

엔진 착빙은 외기 온도 섭씨 0~영하 40도 사이에서 발생하며 특히 섭씨 0~영하 14도 사이에서 착빙되기 쉽다. 착빙이 예상되면 반드시 엔진 방빙 장치를 작동해야 한다. 외기 온도는 비행고도가 8,500m 이상이면 섭씨 영하 40도 이하로 내려간다. 그래서 물방울은 착빙하지 않고 바로 얼음결정이 되기 때문에 외기 온도가 섭씨 영하 40도 이하가 되면 엔진 방빙 장치를 끈다. 하지만 층운(層雲)처럼 따뜻한 구름 속일 때만 끄고 뇌운(雷雲)과 같이 요란한 구름 속을 비행할 때는 끄지 않는 편이 좋다.

적도 바로 아래 지역이나 남반구로 비행할 때는 ITCZ(Inter Tropical Convergence Zone. 열대수렴대)라는 뇌운 지역을 반드시 통과한다. ITCZ는 적도를 끼고 북위 20도~남위 20도의 적도 무풍지대에서 발달하며 여름철에는 적도에서 북측, 겨울철에는 남측에서 발생한다.

적도 부근의 뇌운은 1만 5,000m 이상의 고도에서 발달하기도 한다. 이처럼 뇌운이 거대한 성벽처럼 우뚝 솟은 지역에서는 그 위를 통과할 수 없기 때문에 기상 레이더를 보며 비교적 약한 뇌운 지역을 통과한다.

다만 약한 뇌운일지라도 상승 기류처럼 과냉각수가 몰아친다면 순식간에 착빙될 위험이 있다. 실제로 필자는 1만m 상공의 뇌운 속을 비행하던 중에 섭씨 영하 50도였던 외기 온도가 급격히 영하 35도까지 상승하자, 극심한 흔들림과 함께 '쫙' 하는 소리가 일어나면서 창문이 곧장 얼음으로 뒤덮이는 장면을 목격한 적이 있다.

CHAPTER 5

제트 엔진의 계기

파일럿은 엔진을 조작할 때 반드시 계기판을 확인해야 한다. 이번 장에서는 엔진 계기의 종류와 엔진 이상이 발생했을 때의 경고 방식을 살펴보겠다.

엔진 계기의 역할

5-01

엔진 상태를 파악하다

제트 여객기의 엔진 계기 구성과 그 역할이 무엇인지 알아보기 전에 일상생활에서 친근한 자동차의 엔진 회전계, 수온계, 경고등 등이 어떤 역할을 하는지 먼저 알아보겠다.

먼저 엔진 회전계. 자동차의 회전계는 피스톤의 왕복 운동을 회전 운동으로 바꾸는 크랭크 샤프트의 회전수를 알려주는 계기다. 이 회전수를 근거로 효율적인 주행 여부를 가늠하고 오버 회전에 의한 엔진 손상을 막는 데 활용한다. 그러나 전자 엔진 제어 장치로 효율적인 주행이 가능하고 가속 페달을 밟아도 회전수가 제한치를 넘지 않는 레브 리미터(rev limiter)가 있기 때문에 회전계를 굳이 장착하지 않는 자동차도 있다.

수랭식 엔진의 냉각수 온도를 감시하는 수온계가 있다. 수온이 낮으면 윤활이 불가능하고 반대로 높으면 오버 히트가 된다. 최적의 연비와 안정된 운전을 하기 위해서는 적당한 온도를 유지해야 한다. 이렇게 냉각수 온도를 감시해서 오버 히트를 예방할 수 있다.

마지막으로 심각한 고장이 발생했을 때 점등하는 경고등이 있다. 계기의 역할이 효율적인 엔진 운용을 위한 정보 표시라면 경고등은 엔진을 감시하고 이상이 발생하면 원인을 파악할 수 있게 도와주는 역할을 한다. 이상과 같이 자동차를 제한 수치 이내로 운용하면 엔진 내구성 확보에 큰 도움이 된다. 문제가 발생했을 때 원인을 알 수 있다면 적절한 판단과 처치를 할 수 있다.

자동차의 엔진 계기

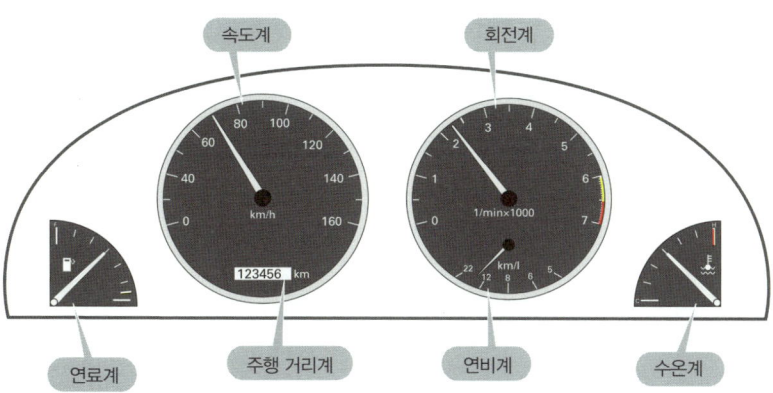

엔진 관련 경고등의 예 (메시지를 표시하는 자동차도 있음)		
🔋	충전 경고등	배터리 충전을 해야 한다 발전기용 V 벨트 파손 엔진 샤프트 이상
🛢️	유압 경고등	엔진 오일 압력 저하
CHECK	엔진 경고등	엔진 전자 제어 시스템 이상

제트 엔진의 계기

5-02

지침은 모두 같은 방향을 가리킨다

제트 엔진의 계기나 경고 장치도 자동차와 마찬가지로 엔진을 제한치 이내로 운용하고 고장이 발생하면 적절한 판단과 처치를 하는 데 도움을 준다. 다만 비행기는 자동차와 달리 공중에서 일단 정지한 후 엔진 상태를 살펴볼 수는 없다. 파일럿은 안전 비행을 최우선시하면서 고장 위치와 원인을 파악하여 적절한 처치를 실시해야 한다. 그래서 엔진 계기는 기장과 부조종사가 모두 잘 볼 수 있는 조종석 중앙에 위치한다.

제트 엔진 계기는 팬 회전수, 배기가스 온도계, 연료 유량계 등이 대표적이다. 먼저 오른쪽에 있는 클래식 점보기(CF6-50E2 엔진)의 계기를 살펴보자.

중요한 역할을 하는 순서대로 위에서부터 팬 회전계(N_1), 배기가스 온도(EGT)계, 고압 압축기 회전계(N_2), 연료 유량계(FF)가 있다. 엔진이 고장 나면 일목요연하게 알 수 있도록 각각의 계기 지침은 모두 같은 방향을 가리킨다. 또 이륙이나 상승을 할 때, 목표 회전수를 정확히 설정할 수 있게 아날로그 방식과 디지털 방식 두 가지 모두 표시한다. 그 이유는 우리가 평소 시계를 볼 때 아날로그 방식은 지침의 위치로 대략적인 시각을 순간적으로 간파하기에 편리하고, 디지털 방식은 정확한 시각을 확인할 때 편리하기 때문이다.

클래식 점보기의 엔진 계기는 지침이나 디지털 표시계가 움직일 때 딸각거리는 소리가 났다. 회전계나 배기가스 온도계 등 계기가 움직이는 소리로 엔진의 정지 여부를 알 수 있을 정도였다.

제트 엔진 계기의 종류

보잉747(클래식 점보기)의 예
아날로그와 디지털 방식 모두 표시한다. 계기 지침은 모두 같은 방향을 가리키는데, 이 덕분에 엔진이 고장 나면 일목요연하게 알 수 있다.

No.4 엔진 고장

N_1 : 팬 회전계

103 | 103 | 103 | 019

EGT : 배기가스 온도계

805 | 812 | 799 | 949

N_2 : 고압 압축기 회전계

091 | 089 | 088 | 017

FF : 연료 유량계

222 | 229 | 226 | 000

No.4 엔진 윤활유 압력 저하

ENG OIL PRESS 4

중요 장치의 고장 위치가 문자로 점등하는 경고등 패널

133

디스플레이

문자와 계기가 혼재된 컬러 출력 표시 장치

5-03

보잉747-200 세대의 엔진 계기나 경보 장치는 탑재된 엔진 개수만큼 배치되어 있기 때문에 조종석은 수많은 계기류에 둘러싸여 있었다. 또 디지털 표시라고 해봐야 숫자 0~9가 적힌 문자판이 기계적으로 달그락거리며 표시될 뿐이고 디지털 처리는 아니었다.

그러다가 에어버스 A310이나 보잉767 세대로 접어들면서 각각의 엔진 계기가 표시되는 기계식이 아니라 브라운관 디스플레이로 통합된 형태인 전자식 디지털 계기로 발전했다. 그 후 에어버스 A330이나 보잉777 세대에 와서는 완전 평면 화면의 액정 디스플레이가 사용되어 보기에 편리할 뿐만 아니라 화면이 얇고 소비 전력 효율도 우수했다.

오른쪽에 있는 보잉777의 계기를 살펴보면 엔진 계기는 EICAS(Engine Indications and Crew Alerting System. 엔진 계기 및 승무원 경보 시스템)라는 디스플레이에 기계식 계기와 같은 원형의 아날로그 방식과 디지털 방식이 함께 표시되어 있다. 고장이 발생하면 한 번에 알 수 있도록 해당 내용이 각 상황에 맞게 붉은색, 주황색, 흰색, 녹색 등으로 바뀌면서 문자로 표시된다. 중요 엔진 계기가 아니라면 파일럿은 필요에 따라 EICAS 아래에 있는 MFD(Multi Function Device. 다기능 디스플레이)에 그 내용을 가져와 표시할 수도 있다. 한편 에어버스 기종은 E/W(엔진/경보) 디스플레이와 SD(System Display)가 각각 EICAS와 MFD의 역할을 수행한다. 이들의 차이점과 상세한 내용은 이후에 살펴보겠다.

보잉777의 계기

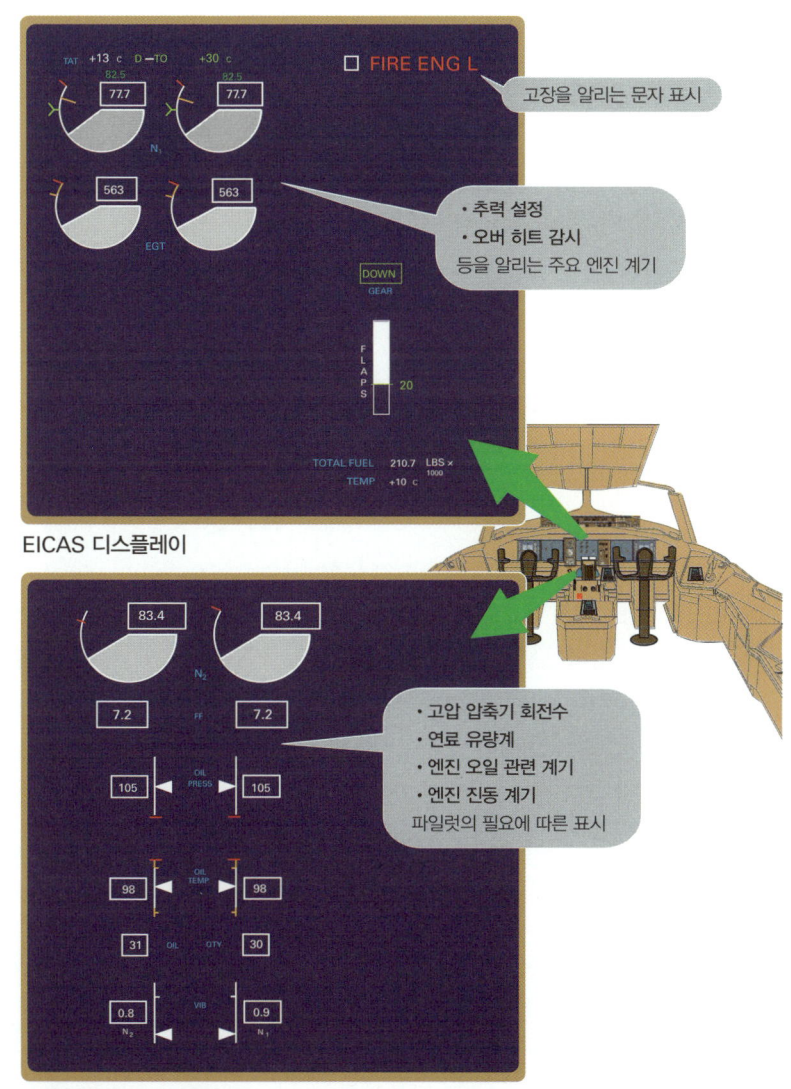

EICAS 디스플레이

MFD(다기능 디스플레이)

- 고장을 알리는 문자 표시
- 추력 설정
- 오버 히트 감시
등을 알리는 주요 엔진 계기

- 고압 압축기 회전수
- 연료 유량계
- 엔진 오일 관련 계기
- 엔진 진동 계기
파일럿의 필요에 따른 표시

N_1 회전계

5-04

팬의 회전 속도를 표시

항공 업계에서는 회전 속도를 표시하는 기호로 N을 사용한다. 2축 엔진은 팬과 저압 압축기를 N_1이라고 하고 고압 압축기를 N_2라고 한다. 3축 엔진은 팬을 N_1, 중압 압축기를 N_2, 고압 압축기를 N_3로 표시한다. 그럼 먼저 N_1 회전계를 살펴본다.

N_1 회전계 센서는 자석과 코일 사이의 상호작용을 이용한다. 발전기는 코일이 영구자석의 자속(磁束. 자기력선의 다발-옮긴이 주) 안을 움직이면 전류가 흐른다는 원리를 이용하는데, 반대로 코일과 자석을 고정하고 자속을 움직여도 전류는 흐른다.

이런 성질을 이용하여 팬의 날개 수와 같은 개수로 이루어진 톱니바퀴가 영구자석과 코일을 내장한 센서 앞을 통과할 때마다 발생하는 전류를 펄스(pulse) 신호로 잡아 회전 속도를 산출한다. 이 센서는 구조가 간단하고 튼튼할 뿐만 아니라 신뢰성이 높다. 게다가 전원도 필요 없어 제트 엔진의 회전 속도 센서 이외에도 많은 분야에서 활용되고 있다.

제트 엔진의 회전수는 1분당 회전수를 뜻하는 rpm으로 표시하지 않고 기준 회전수에 대한 비율인 %로 표시한다. 예를 들어 오른쪽 그림처럼 CF6-80 엔진은 100% 회전 속도가 3,433rpm이다. 따라서 N_1계가 76.7%라면 회전 속도는 3,433×0.767=2,633rpm이다. 다만 100%가 제한치를 의미하지는 않는다.

N_1의 최대 제한 회전 속도는 '4,016rpm'인데 이렇게 숫자로 표시하는 것보다는 '117%'로 표시한다. 이러는 편이 파일럿이 기억하고 인지하는 데 더욱 편리하기 때문이다.

N_1 회전계의 작동

보잉767 EICAS 디스플레이

목표치 : 98.0%

실제 지시치 : 76.7%

FADEC

N_1 센서

팬

저압 압축기

저압 터빈

CF6-80 엔진

코일

영구자석

톱니바퀴가 통과하면 자속이 변동하기 때문에 전류가 발생한다. 이를 펄스 신호로 잡아 회전 속도를 산출한다.

· 팬
· 저압 압축기
· 저압 터빈
이 셋의 회전축

팬 날개 수와 동일한 38개의 톱니바퀴

N_2, N_3 회전계

고압 압축기의 회전 속도를 표시

5-05

여기서는 롤스로이스사의 3축 엔진인 트렌트 700을 탑재한 에어버스 A330의 엔진 계기를 살펴본다. 3축 엔진의 장점은 회전축이 짧고 강성이 뛰어나며, 부품 수가 적어 엔진이 가벼워서 동급 추력의 2축 엔진에 비해 유료 하중(payload, 탑재 가능한 여객이나 화물의 중량)이 높다는 것이다.

3축 엔진을 회전 속도가 느린 순으로 나열하면 팬 N_1, 중압 압축기 N_2, 고압 압축기 N_3다. 엔진 스타터가 있는 기어박스는 N_3 구동이므로 N_3계 센서도 같은 기어박스 안에 있다. 엔진 구동이 이 센서를 작동하는데, 엔진의 회전 속도에 비례하여 교류 전압을 만들어낸다. 이때 주파수는 N_3 회전계의 신호로 활용하고 전력은 FADEC(전권 디지털 전자 제어 장치)로 공급한다. 즉, 필요한 전력은 엔진 스스로 만드는 자급자족식이다. 물론 엔진 스타트 전에는 다른 발전기의 도움이 필요하지만, 엔진이 회전을 시작해서 N_3가 8%(약 850rpm) 이상이 되면 N_3 센서에서 전력을 공급한다.

그런데 초기 팬 엔진인 JT8D의 기준이 되는 100% 회전 속도는 N_1이 8,600rpm, N_2가 2,250rpm으로 상당히 고속이다. 이후 개발된 엔진은 팬이 클수록 N_1이 느려지는 경향을 보였지만 N_2(또는 N_3)는 그다지 변화가 없었다. 예를 들어 트렌트 700은 N_1이 3,900rpm, N_2가 7,000rpm, N_3가 1만 611rpm이다. CF6-80은 N_1이 3,432.5rpm, N_2가 9,827rpm다. 또한 팬의 직경이 3.25m나 되는 GE90-115B는 N_1이 2,355rpm으로 느리지만 N_2가 9,332rpm으로 다른 엔진과 크게 다르지 않다.

트렌트 700 엔진의 예시

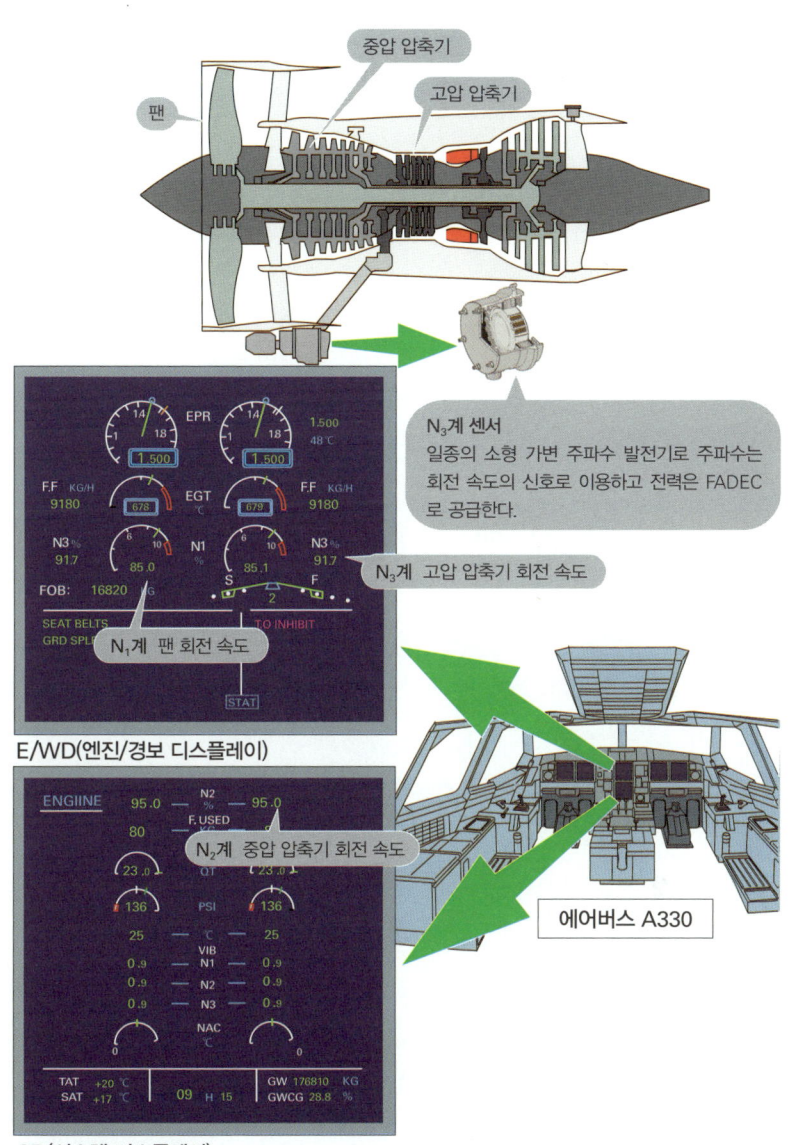

EGT계

5-06

엔진의 수명을 결정하는 중요한 계기

제트 엔진의 수명은 연소실에서 발생하는 고온 가스의 영향을 가장 먼저 받으며 고속 회전해야 하는 제1단 고압 터빈의 상태에 의해 결정된다. 엔진의 내구성은 이륙부터 착륙까지 제1단 터빈으로 유입되는 가스의 온도와 TIT(터빈 입구 온도)를 얼마나 제한치 이내로 운용하는지가 관건이다.

TIT를 직접 측정할 수는 없다. 섭씨 1,600도 이상인 터빈의 고온을 견딜 수 있는 센서가 없기 때문이다. 그래서 고압 터빈과 저압 터빈 사이의 온도를 재서 TIT를 추측하는 방식을 이용한다. 이 온도를 TGT(터빈 가스 온도)라고도 하지만 초기 엔진이 엔진 배기구의 온도인 EGT(배기가스 온도)를 사용했기 때문에 현재도 TGT가 아니라 EGT를 많이 사용한다.

EGT 센서는 열전대(thermo couple)라는 서로 종류가 다른 두 금속 회로의 양 접점 온도차가 발생시키는 전류를 이용한다. 외부 전력이 필요 없고, 응답 시간이 빠르며 비용이 적게 든다. 게다가 소형이고 경량에다가 신뢰성도 높다. 쌍을 이루는 금속이 알루멜(alumel)/크로멜(chromel)인 경우 섭씨 1,110도 전후까지 측정할 수 있다. 회전하는 가스의 온도를 정확히 측정하기 위해 몇 군데(4~8개)의 온도를 측정하여 그 평균값을 EGT 계기에 표시한다.

섭씨 850도까지 측정할 수 있는 철/콘스탄탄(constantan)은 피스톤 엔진의 실린더 헤드 센서에 이용한다. 로듐(rhodium)/백금은 섭씨 1,400도까지도 측정할 수 있지만 단가가 높아서 제트 엔진에는 사용하지 않는다.

EGT계의 작동 원리

열기전력(seebeck effect)이란 열전대라는 서로 종류가 다른 두 금속 회로의 양접점 온도차로 발생하는 기전력(起電力)을 말한다.

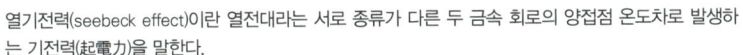

금속A
고온부
저온부
전류
금속B

※ 기전력 : 전류 발생의 원인이 되는 힘

보잉777
EICAS 디스플레이
최대 이륙 EGT
최대 연속 EGT
563
EGT
배기가스 온도계(℃)
FADEC
알루멜/크로멜로 이루어진 열전대 센서로 고압 터빈과 저압 터빈 사이에 있는 몇 군데의 온도를 측정하여 그 평균값을 알려준다.

GE90-115B 엔진

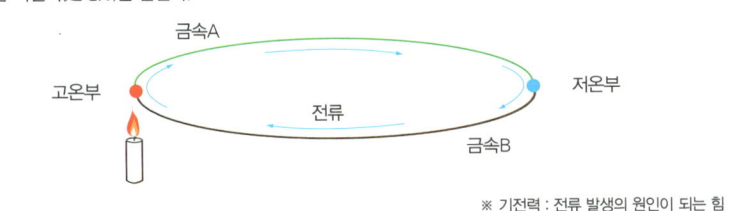

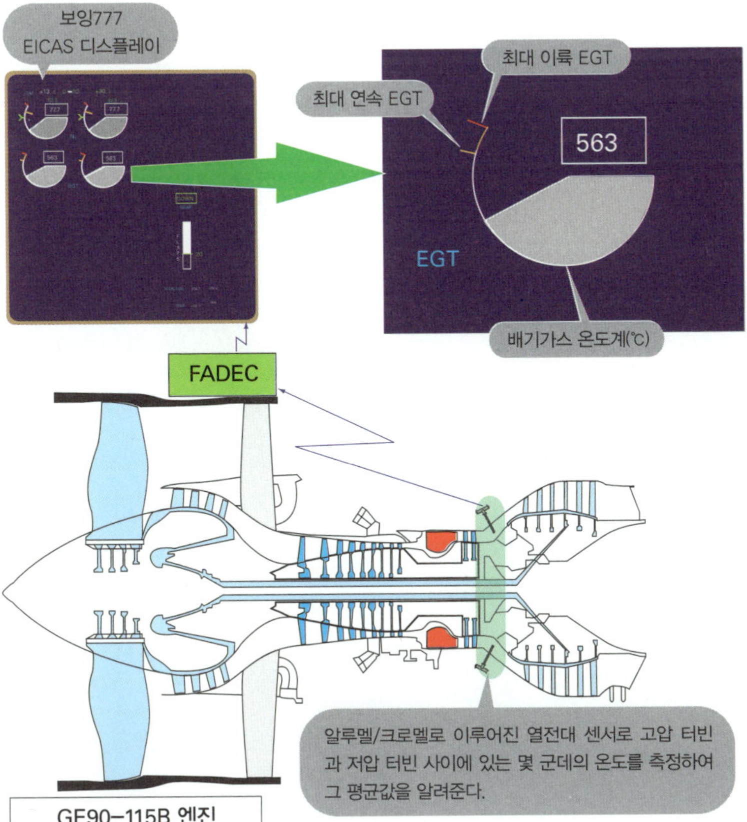

힘의 크기를 측정하는 계기

힘의 정도를 아는 것이 중요하다

5-07

제트 엔진에는 운행 상태를 알려주는 계기 이외에 추력의 크기를 알려주는 계기도 필요하다. 그 이유는 이륙 추력의 크기에 따라 이륙 가능한 최대 중량, 이륙 속도, 이륙거리 등이 각기 다르고, 상승 추력이나 순항 추력의 크기로 순항고도를 정하기 때문이다. 예를 들어 동일 기종이라도 탑재된 엔진의 추력 차이에 따라 최대 이륙 중량이나 상승이 가능한 최대 고도 등이 크게 달라진다.

실제 비행 시 이륙 추력과 상승 추력을 정확히 설정해야 하지만 비행 중에 엔진 추력을 직접 측정할 수 있는 계기는 없다. 그래서 추력을 지상에서 측정하고 그 변화 비율과 직선적으로 비례하는 계기를 찾아서 실제 추력의 크기를 측정하는 방법을 이용한다.

대표적인 예가 P&W사 및 롤스로이스사가 주로 채용하는 EPR(Engine Pressure Ratio, 엔진 압력비)이라는 계기다. 참고로 제너럴일렉트릭사는 팬이 발생시키는 추력이 전체의 약 80퍼센트라는 점에 착안하여 N_1계(팬 회전 속도)를 추력 설정의 계기로 사용하기도 한다.

4장에서 설명했듯이 엔진의 이륙 추력이나 상승 추력 등의 정격 추력은 외기 온도와 외기압에 따라 변한다. 다시 말해 정격 추력을 설정하기 위한 계기인 EPR이나 팬 회전계의 설정값은 온도와 기압에 따라 달라진다는 의미다. 실제로 어떻게 작용하는지는 6장에서 살펴보겠다.

추력의 크기에 따라 달라지는 이륙거리와 고도

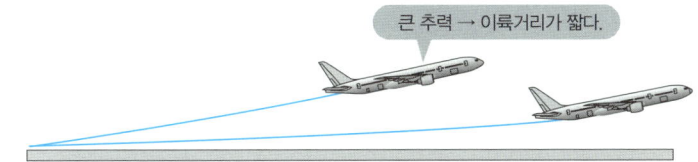

큰 추력 → 이륙거리가 짧다.

이륙 추력의 크기 차이로 이륙거리가 달라진다.

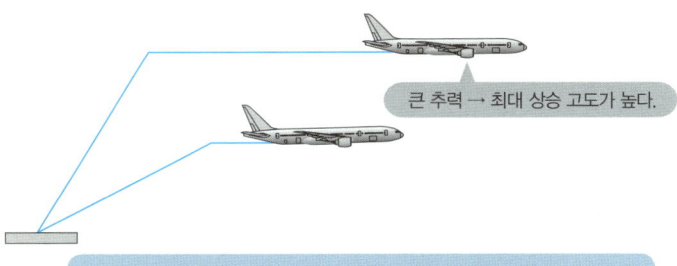

큰 추력 → 최대 상승 고도가 높다.

상승 추력의 크기 차이로 상승이 가능한 고도가 달라진다.

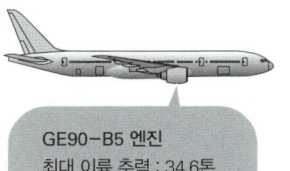

GE90-B5 엔진
최대 이륙 추력 : 34.6톤
최대 이륙 중량 : 243.5톤

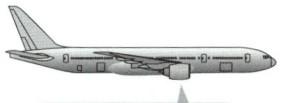

GE90-B4 엔진
최대 이륙 추력 : 38.4톤
최대 이륙 중량 : 287.5톤

같은 보잉777-200이라도 탑재 엔진이 다르면
최대 이륙 중량도 달라진다.

EPR계

추력을 설정하는 계기

5-08

　추력의 크기는 얼마나 많은 공기를 얼마나 빠른 속도로 분사할 수 있는가가 결정한다. 그래서 가능한 한 많은 공기를 흡입해야 추력이 커진다. 추력의 크기를 측정하는 방법 중에는 터빈을 돌린 후 압력의 크기로 알아보는 방법이 있다. 엔진 출구의 압력 에너지가 크면 클수록 분사하는 가스가 더욱더 가속하기 때문이다.

　바꿔 말하면 터빈 출구의 압력이 엔진으로 들어갈 때의 몇 배인지를 알아보면 추력의 크기를 측정할 수 있다. 이 터빈 출구와 압축기 입구의 압력비를 표시하는 계기가 이륙 추력 등의 정격 추력 설정 목표치인 EPR(엔진 압력비)계다. 참고로 압력비이기 때문에 단위는 없다.

　초기 엔진인 JT8D의 이륙 추력 목표인 EPR값은 2.0 정도였다. 팬이 큰 엔진일수록 EPR값은 작아진다. 예를 들어 트렌트 700의 이륙 EPR값은 1.50 정도다. 반면 압축기의 압축 비율을 나타내는 엔진 입구와 압축기 출구의 비인 압축비는 추력과 함께 커진다. 예를 들어 JT8D는 19, CF6-80은 31, 트렌트 700은 35이며 GE90-115B는 42다. 이렇게 압축비는 추력에 비례하는 데 비해 EPR값은 왜 추력에 반비례할까?

　그 이유는 모든 압력 에너지를 속도 에너지로 바꿔 추력을 키우기보다 에너지를 팬 회전에 많이 이용하여 대량의 공기를 분사해서 추력을 키우는 편이 더 효율적이기 때문이다. 압력 에너지를 팬 회전에 많이 할애하다 보니 터빈 출구의 압력은 줄어들어 결과적으로 EPR값이 작아지는 것이다.

압력의 크기를 알아본다

$$EPR = \frac{P_{t7}(\text{터빈 출구 압력})}{P_{t2}(\text{압축기 입구 압력})}$$

보잉727의 EPR계

에어버스 A330의 E/W 디스플레이

스러스트 레버 위치

이륙 추력 목표치
1.500
48℃

EPR 지시값
1.500

FADEC

$$EPR = \frac{P_{t7}}{P_{t2}}$$

P_{t2} 센서

P_{t7} 센서

트렌트 700 엔진

연료 유량계

단위는 1시간당 무게

5-09

비행기의 연료 유량계는 1시간당 소비하는 연료의 '무게'를 나타내는 질량 유량계다. 자동차와 달리 비행기는 연료량이 아니라 무게가 중요하다.

예를 들어 보잉747이 뉴욕까지 12시간 비행에 소비하는 연료의 무게는 약 120톤이다. 이 때문에 이륙할 때 비행기 무게가 370톤이었다면 착륙할 때는 250톤이다. 오른쪽 그림처럼 연료 유량계가 5,500파운드/시(=2,495kg/시)를 가리키고 있으니 엔진 네 개의 합계 연료 소비량은 10톤/시임을 알 수 있다.

예전에는 실제 비행 중에도 연료 유량계로 비행기의 예상 중량을 계산하여 보다 연비가 좋은 순항고도로 진출할 수 있는 시각을 산출했다. 그러나 지금은 FMS(Flight Management System, 비행 관리 시스템)로 모두 자동 관리할 수 있어 연료 유량계는 엔진 스타트나 순항 중에 정기적으로 체크하기 위한 보조 계기로만 활용한다.

연료 유량계 센서는 N_1 회전계와 마찬가지로 자석과 코일 사이의 상호작용을 이용하여 계측하는데, 연소실 입구 바로 앞에 설치되어 있다. 펌프로 공급된 연료는 회전류 발생 장치를 통해 자석 두 개가 장착된 로터(rotor)를 회전시킨다. 회전하는 연료는 그것을 제지하는 날개의 저항을 받으며 터빈을 돌리는 역할을 하는데, 연료가 흐르는 힘이 강할수록 그리고 연료가 무거울수록 날개의 저항력을 상쇄하기 때문에 코일1과 코일2가 생성하는 펄스 신호의 시간차가 커진다. 이 시간차로 단위 시간당 연료의 무게를 산출한다.

연료 유량계의 구조

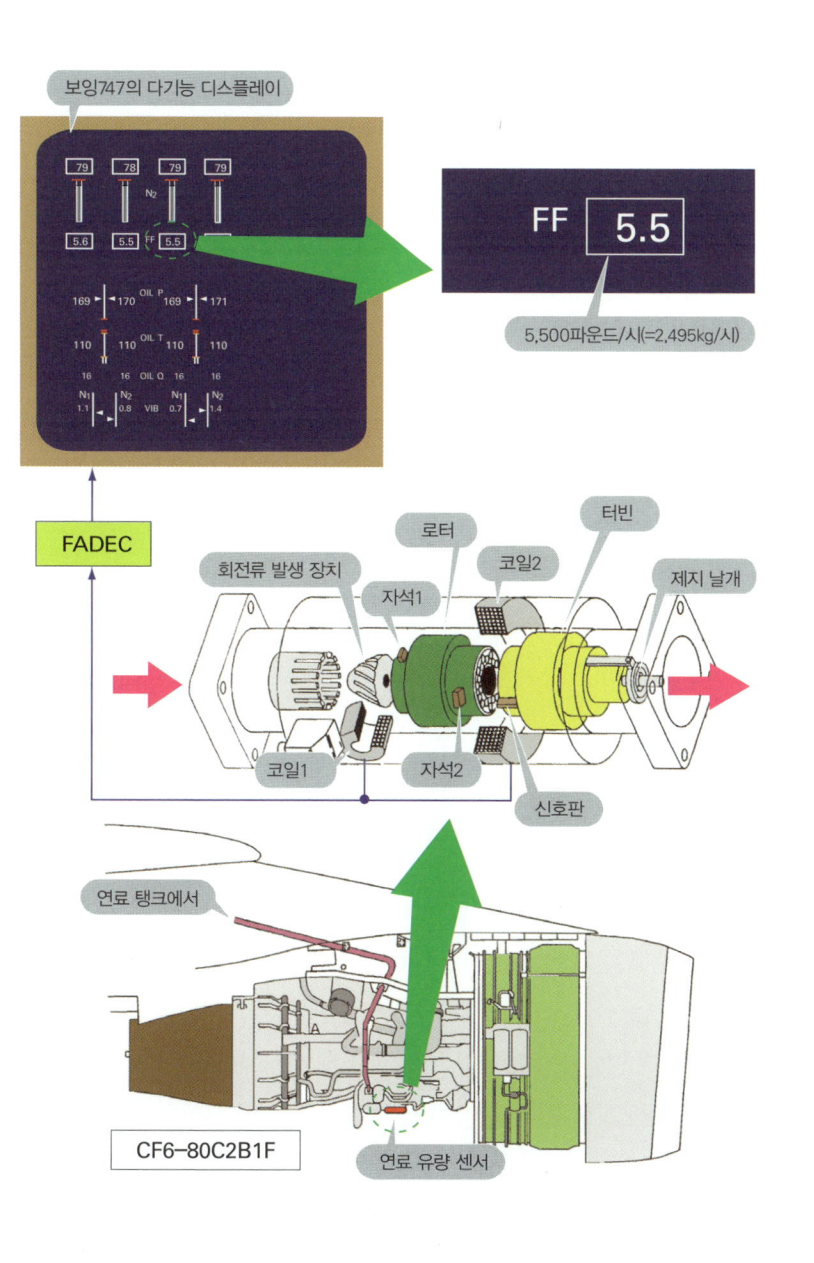

윤활유 관련 계기

엔진의 고장 징후를 알 수 있다

5-10

엔진 오일의 상태는 유압계, 유온계, 유량계를 통해 파악한다. 각각의 역할을 알아보자. 유압계는 베어링이나 기어 박스로 보내는 유압을 감시하는 계기다. 유압이 떨어지면 지시값이 흰색에서 붉은색으로 바뀌고 디스플레이에 주황색의 경고 메시지가 표시된다. 메시지와 함께 경고음이 울리는 비행기도 있다. 경고음을 울리는 이유는 유압 펌프가 고장 났거나 오일 탱크 또는 기어 박스에서 오일이 흘러나와 엔진에 큰 손상을 주는 사고로 발전할 수 있기 때문이다.

앵커리지나 모스크바처럼 매우 추운 지역에서 엔진 스타트를 할 때는 유압이 일시적으로 높게 표시되는 경우가 있다. 외기 온도가 매우 낮으면 오일의 점성이 높아지기 때문인데 엔진이 데워지면 정상으로 돌아간다.

유온계도 중요한 계기다. 오른쪽 그림을 보면, 유온계는 윤활유가 탱크로 되돌아갈 때의 온도를 감시하고 온도가 한도를 초과하면 지시값이 붉은색으로 바뀌며 주황색 메시지가 표시된다. 온도가 높아지는 원인은 베어링 손상, 고온 가스 누출, 오일 냉각 장비 고장 등이며 엔진 출력을 낮춰도 고온 상태가 계속 유지되면 엔진을 정지하기도 한다.

유량계는 탱크 내의 용량을 표시하는 계기다. 104쪽에서 살펴봤지만 출발 전 유량 확인은 비행시간에 큰 영향을 주기 때문에 중요한 점검 항목이다. 유량은 비행 중일 때 엔진의 출력 상태나 비행기의 자세에 따라 크게 변하기 때문에 지시값이 낮더라도 다른 계기에 이상이 없다면 바로 엔진 고장으로 이어지는 일은 없다.

윤활유의 상태를 파악한다

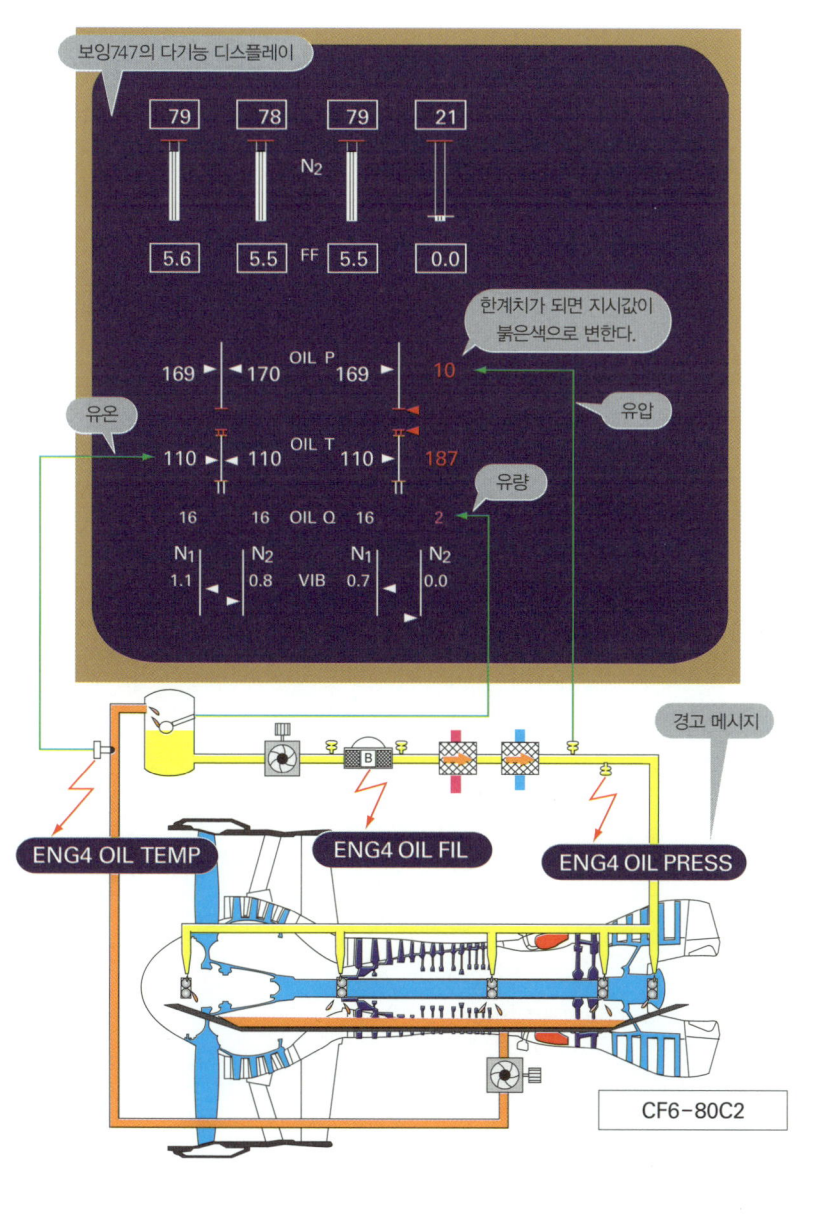

TAT계

TAT란 무엇인가?

5-11

제트 엔진의 추력은 엔진이 흡입하는 공기의 온도에 큰 영향을 받는다. 그러나 공기를 외기 온도(항공 업계에서는 OAT, 즉 Outside Air Temperature라고 함) 그대로 흡입하지는 않는다. 비행 속도가 빠를수록 비행기와 충돌하는 공기의 압력과 온도가 높아지는 램 효과 때문이다.

예를 들어 고도 1만m 상공을 마하 0.80의 속도로 비행하면 외기 온도가 섭씨 영하 50도라도 램 효과 때문에 온도는 상승한다. 따라서 실제 엔진이 흡입하는 공기의 온도는 섭씨 영하 21도다.

램 효과로 외기 온도보다 상승한 온도를 TAT(Total Temperature, 전온도)라고 하며 (TAT)=(OAT)+(상승 기온)이라는 관계식이 성립한다. 오른쪽 그래프처럼 1만m를 마하 0.80으로 비행하면 램 효과 때문에 상승 온도는 섭씨 29도이고, TAT=-50+29=-21℃가 된다. 또 비행기와 충돌하지 않는 주변 공기의 온도를 SAT(Static Temperature, 정온도)라고 하는데 OAT와 SAT는 같다고 생각해도 무방하다.

TAT계는 이륙이나 상승 등 추력 설정값을 산출하거나 엔진 방빙 장치 작동 여부를 결정하는 계기이므로 엔진 계기와 같은 디스플레이에 표시된다. TAT 센서는 비행 자세에 영향을 적게 주는 장소에 설치하는데, 보잉777은 조종석 가장 뒤편 창문 아래에 달려 있다. 센서는 케이스로 덮여 있고, 구름 속을 비행할 때 착빙되지 않도록 항상 전기 히터로 데운다. 이때 난방 구조는 전기 히터가 내뿜는 열의 영향을 최소화하기 위해 엔진이나 APU의 블리드 에어를 배기관에 흘려보내는 방식이다.

TAT 센서의 구조와 램 효과

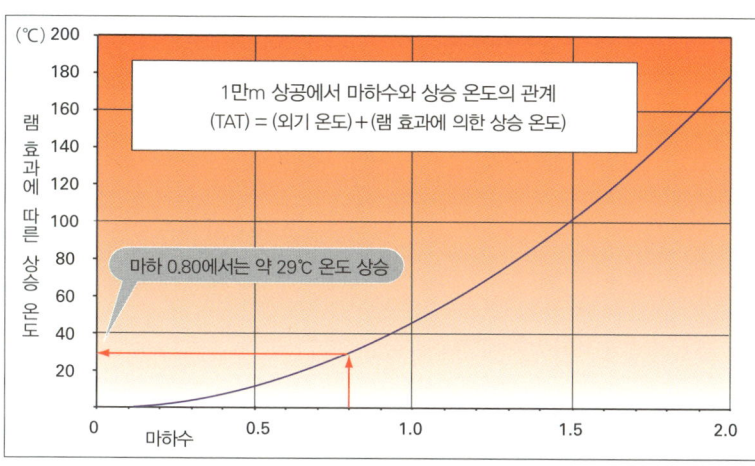

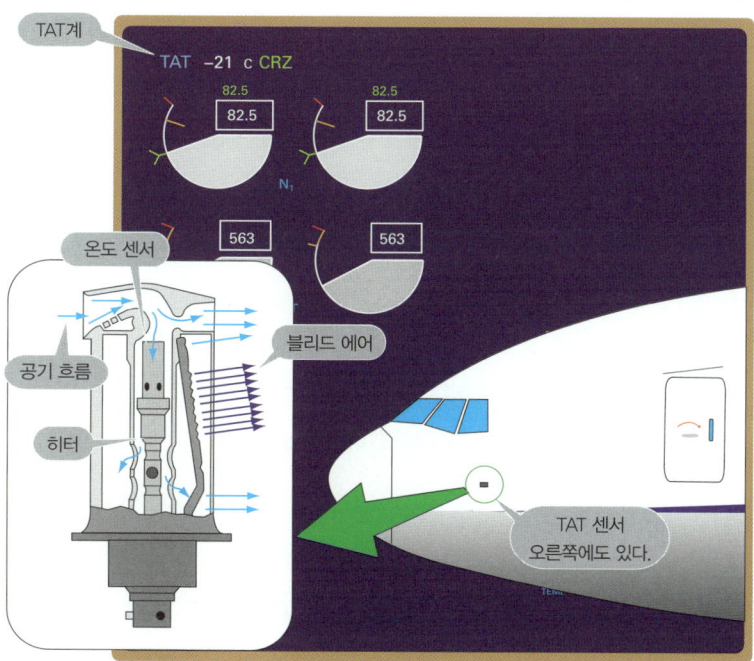

ADIRS

5-12

에어 데이터와 자이로의 합체

TAT 센서가 감지한 온도는 ADIRS(Air Data Inertial Reference System, 에어 데이터 관성 기준 시스템)에 의해 디지털 신호로 변환되어 전자 엔진 제어 장치로 보내진다. 여기서는 ADIRS의 역할이 무엇인지 알아본다.

흡입한 공기를 분사하여 추력을 생성하는 제트 엔진은 물론이고 공기의 반작용인 양력을 이용하여 하늘을 나는 비행기는 공기 상태에 큰 영향을 받는다. 그래서 비행고도의 외기 온도, 외기압, 비행 속도에 따른 기온 변화, 기압, 기체 주변이나 주 날개가 받는 공기 흐름의 상태 등을 파악해야 한다. 이처럼 비행기를 둘러싼 공기에 관한 정보를 에어 데이터라고 한다.

TAT도 에어 데이터의 일종이다. 보잉727 세대의 TAT계는 그저 온도계에 지나지 않았다. TAT계가 가리키는 온도와 엔진 출력표를 이용해서 추력 설정값을 산출하고, 수동으로 스러스트 레버를 조절했다. 정격 추력은 TIT(터빈 입구 온도)의 제한치로만 정했기 때문에 TAT의 정보로 충분했다.

에어버스 A320 세대 이후에는 자동 비행(오토 스러스트) 시스템이 주류가 되었다. 컴퓨터가 각종 에어 데이터를 분석해 추력 설정값을 산출하고, 자동으로 추력을 제어하는 자동 추력 제어 장치(오토 스러스트 시스템)와 자동 조종 장치(오토파일럿)가 유기적으로 연동된 시스템이다. 이렇게 자동 비행이 가능한 이유는 자이로(gyro)와 가속도 센서로 이루어진 관성 기준 시스템(IRS)으로 비행기 자세, 방위, 위치, 대지 속도 등 항법 정보를 손쉽게 산출하고, ADIRS로 수많은 에어 데이터를 한 번에 처리할 수 있기 때문이다.

에어버스 A330 개략도

ADIRS(에어 데이터 관성 기준 시스템)이란?
- 에어 데이터로 기온, 기압, 속도, 고도 등을 산출
- 자이로와 가속도 센서로 자세, 방위, 위치, 속도 등을 산출하고, 전자 엔진 제어 장치나 계기 등으로 데이터를 전송하는 장치

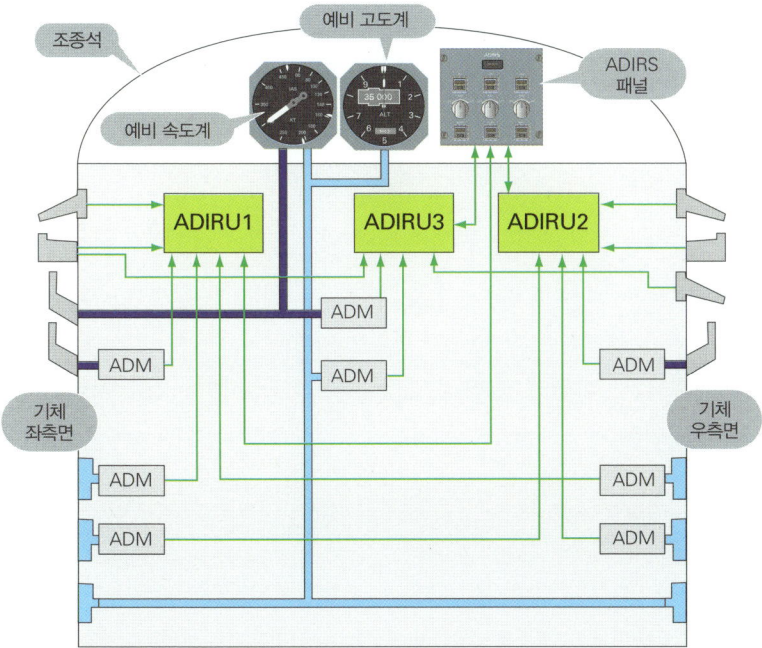

ADIRU	에어 데이터 관성 기준 유닛 : 공기의 힘, 자이로와 가속도계로 온도, 속도, 고도 등을 산출하는 컴퓨터 유닛
ADM	에어 데이터 모듈 : 공기의 힘을 감지하여 디지털 처리하는 장치
▬	피토관 라인 : 피토압(흐르는 공기의 압력)용 공기배관
▬	정압공 라인 : 정압(외기압)용 공기배관
◢	AOA 센서 : 주 날개가 공기의 흐름을 마주하는 각도를 알려주는 센서
◣	TAT 센서 : 전온도를 알려주는 센서
◥	피토관 : 흐르는 공기의 압력을 알려주는 센서

FE(항공 기관사) 패널

FE 패널과 ECAM, EICAS

5-13

항공법상 '구조적으로 파일럿만으로는 발동기 및 기체를 완전히 취급할 수 없는 비행기'에는 파일럿 이외에 항공 기관사가 탑승하여 '조종 장치 작동 이외에 발동기 및 기체의 취급'을 하도록 규정하고 있다.

항공 기관사는 출발 전부터 비행 종료 시까지 발동기, 즉 엔진 취급과 관련한 역할을 수행한다. 연료나 윤활유 등 유량을 점검하고 이륙, 상승, 순항, 고 어라운드 등 각각의 정격 추력을 엔진 출력표로 산출한다. 또한 수동으로 추력 설정 및 출력 상황 감시, 비행 중 엔진 운행 상황, 고장 또는 문제 발생 시에 엔진 로그라는 비행 일지를 작성한다.

에어버스 A330(B2/B4)이나 보잉747(100/200/300) 세대까지의 FE 패널에는 엔진, 연료, 에어컨, 전기, 유압 등 각 시스템의 조작이나 감시용 스위치, 계기, 경보 등이 있었다. 말하자면 모든 시스템을 수동으로 조작하고 항상 감시해야 했다. 이상 상태나 긴급 상태가 발생하면 FE(Flight Engineer. 항공 기관사)가 매뉴얼 또는 체크리스트에서 해당 조작 절차를 읽으며 조종을 담당하는 파일럿 PF(Pilot Flying. 일반적으로 기장)와 조종 이외의 업무를 담당하는 파일럿 PM(Pilot Monitering. 일반적으로 부조종사)이 비행기 조작을 수행했다.

이후 정보 기술의 발달로 디스플레이 표시 방식으로 바뀐 에어버스 A310이나 보잉767 세대부터는 에어버스기와 보잉기에 각각 ECAM(Electronic Centralised Aircraft Monitor. 전자 집중 기체 감시 장치)과 EICAS라는 장치가 개발되어 항공 기관사를 대신하고 있다. 이 덕분에 파일럿 두 명만으로 '발동기 및 기체의 완전한 취급'이 가능해졌다.

FE 패널의 실제 모습

엔진 스타트부터 착륙하여 정지할 때까지 여러 조작 절차가 정해져 있다.
경보등은 색깔별로 다음과 같은 의미가 있다.
- 그린 : 정상 상태
- 블루 : 밸브의 개폐나 펌프의 작동 등 통상 조작 상태
- 오렌지 : 제한치 초과나 고장 상태
- 레드 : 화재 등 긴급 조작이 필요한 상태

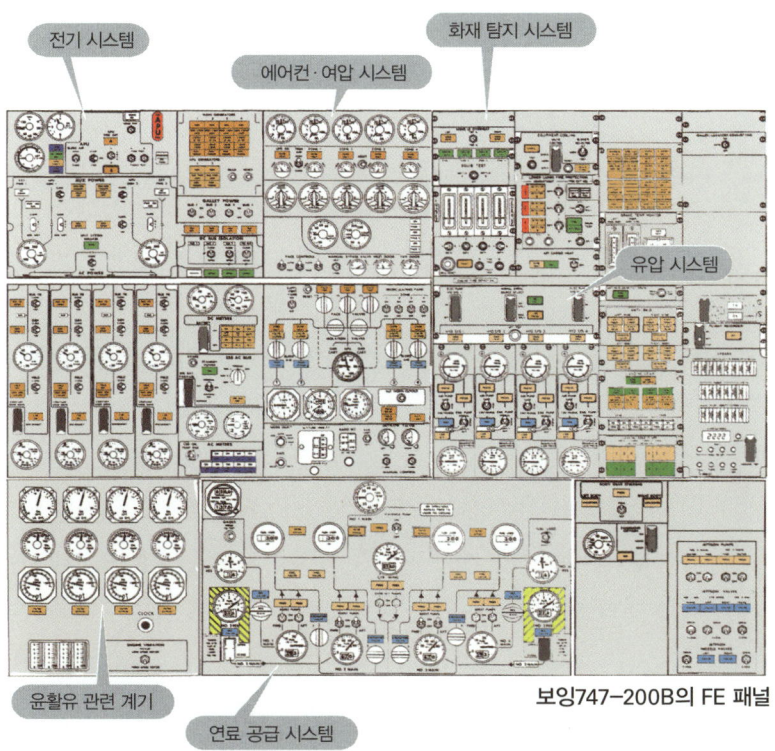

보잉747-200B의 FE 패널

ECAM

전자 집중 기체 감시 장치

5-14

에어버스 A310 이후부터 채용된 ECAM은 디스플레이에 시스템 작동 상황을 표시하고 통상, 이상, 긴급 시의 조작 절차를 표시하는 장치다. 이 장치 덕분에 문제가 발생했을 때 관리하기가 수월해졌고, 작업 분담도 명확해졌다. 또한 종이에 기록하거나 시스템상 제한치를 기억할 필요도 없어, 파일럿의 업무량이 대폭 줄었다. 파일럿은 ECAM 선택 스위치로 본인이 필요한 정보를 선별해서 볼 수도 있다.

경보는 상황에 따라 세 단계로 나누어져 있다. 레벨 3은 긴급사태를 뜻하며 각종 정보가 붉은색으로 표시되고, 경보음이 연속적으로 울려 바로 조작을 실시해야 하는 상황이다. 레벨 2는 이상 상태로 주황색 표시와 함께 경보음이 한 차례 울린다. 파일럿이 고장을 인식하고 조작을 개시해야 하는 상황이다. 레벨 1은 주황색 표시만 있고 경보음이 없다. 문제 확인 후 지속적인 감시가 필요한 상황이다.

보통은 이륙부터 착륙까지 비행 단계에 따라 각 디스플레이에 필요한 정보가 자동으로 표시된다. 예를 들어 윤활유 온도가 제한치를 초과했다면 한 차례의 경보음과 함께 주의등이 점등한다. E/WD에는 해당 조작 절차가 자동으로 표시되고 SD에는 윤활유 관련 계기가 자동으로 표시된다. 절차에 따라 조작 항목을 시행하면 해당 항목이 사라지기 때문에 조작 실수를 방지할 수 있다. 또 윤활유 온도가 제한치 이하로 떨어지면 주황색이 녹색 표시로 돌아가 문제가 없다는 사실을 알려준다.

에어버스 A330의 ECAM

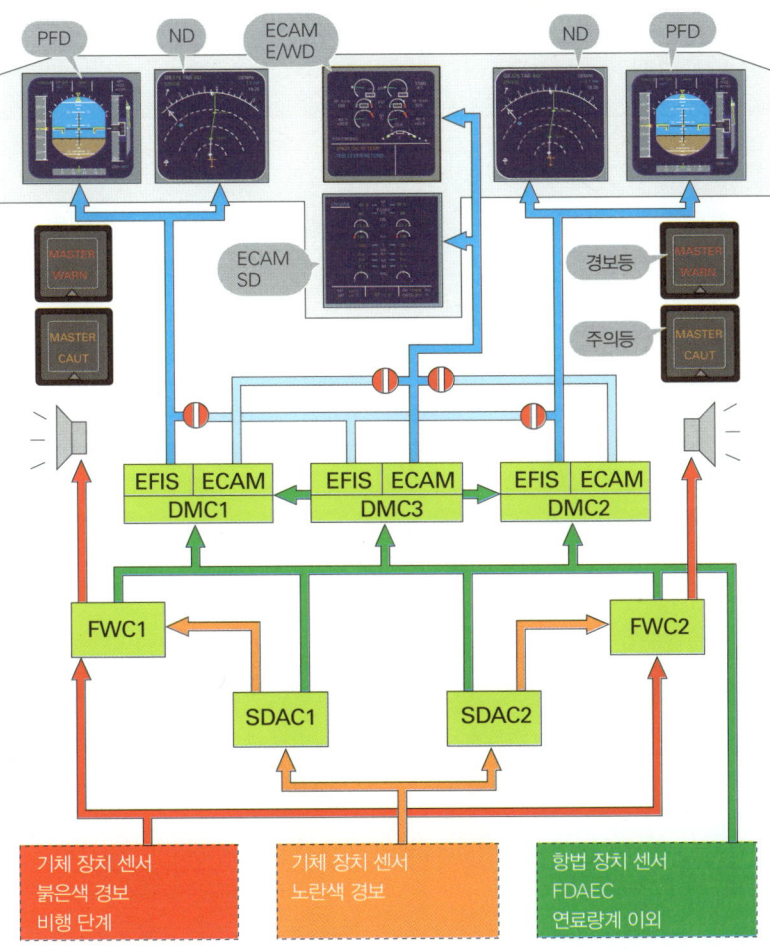

ECAM : 전자 집중 기체 감시 장비
EFIS : 전자 비행 계기 시스템
DMC : 디스플레이 관리 컴퓨터
SDAC : 시스템 데이터 아날로그 변환기
FWC : 비행 경보 컴퓨터
E/WD : 엔진 경보 디스플레이
SD : 시스템 디스플레이

PFD : 주 비행 디스플레이
ND : 항법 디스플레이

EICAS

ECAM과 어떻게 다른가?

보잉767부터 채용된 EICAS는 디스플레이에 엔진 계기를 표시할 뿐만 아니라 기체 이상에 대한 경보 메시지를 컬러로 표시해주는 장치다. 에어버스의 ECAM과 가장 큰 차이점은 이상이 발생했을 때 해당 조작 절차 및 관련 시스템 개략도 등이 자동으로 표시되지 않는다는 점이다.

 그 이유는 이렇다. 보잉기를 설계한 사람들은 비행기를 조종하는 최종 권한 및 안전 비행의 최종 책임이 파일럿에 있으며, 자동화가 파일럿을 대신할 수 없고 어디까지나 지원 도구에 머물러야 한다고 생각했다.

 그러나 종이에 무언가를 매번 기록하는 일이 매우 번거롭다는 생각은 보잉기 설계자들도 한 모양이다. 보잉777의 경우 전자 체크리스트(ECL, Electronic Check List)를 채용하고 있다. 다만 ECAM과는 달리 자동으로 조작 절차가 표시되지 않고, 파일럿이 조작 개시 의사를 결정한 후 선택 패널에서 스위치를 선택하면 경보 메시지에 따른 해당 조작 절차가 MFD에 표시되는 방식이다. 실제 조작이 완료되면 해당 조작 절차의 각 항목이 흰색에서 녹색으로 바뀌어 파일럿의 조작 실수를 방지해준다.

 예를 들어 블리드 오버 히트(추기 온도 초과)와 엔진 오버 히트(카울링 온도 초과)가 일어나 대응했을 때, 전자는 스위치를 끄는 조작에 그치지만 후자는 상황에 따라 엔진 정지도 해야 한다. 이렇게 비슷한 경보 메시지라도 전자 체크리스트가 정확히 표시되기 때문에 파일럿은 올바른 조작 절차를 수행할 수 있다.

보잉777의 EICAS

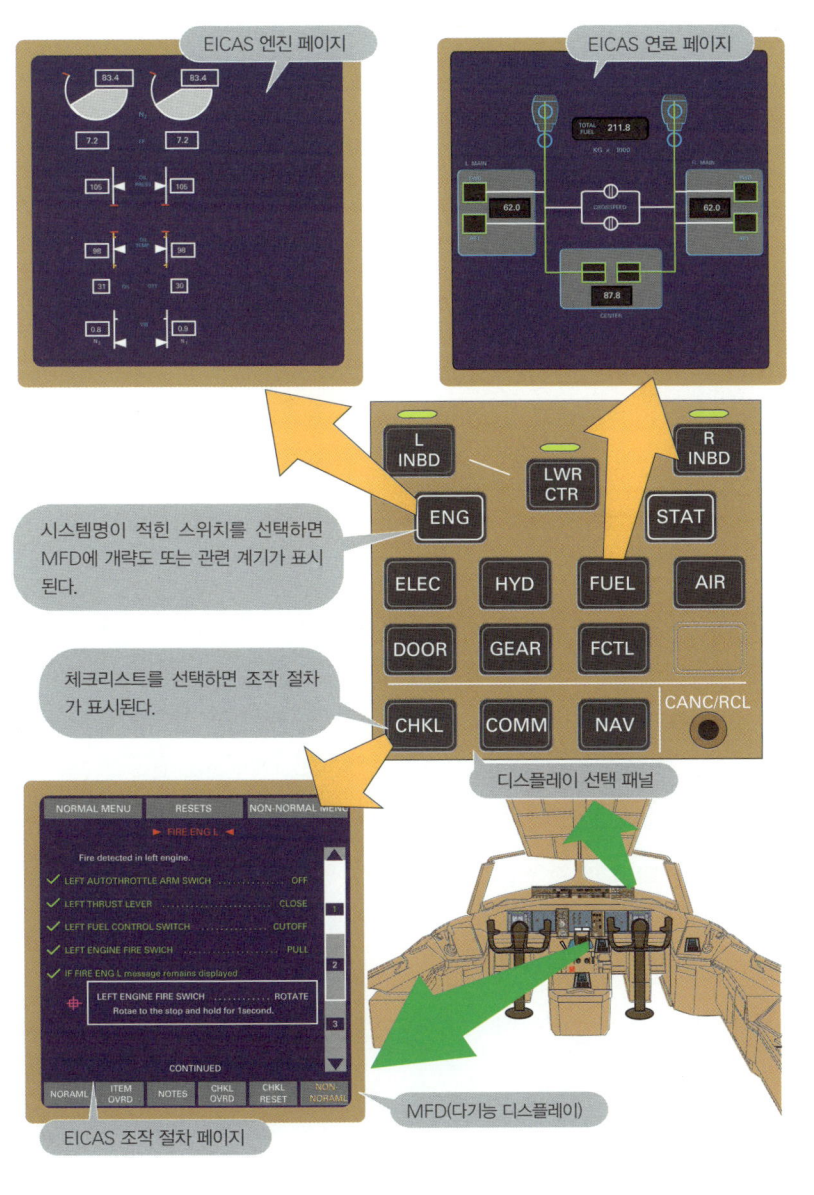

토막 상식
005

파일럿은 서로 확인한다

여객기는 엔진이 고장 나더라도 항상 안전하게 비행할 수 있도록 만들어져 있다. 그렇다고 엔진 고장이 빈번한 일은 아니다. 비행 중 엔진 정지(IFSD, In-Flight Shut Down)는 10만 시간에 1회 이하, 바꿔 말해 10년에 한 번 있을까 말까 한 일이다. 파일럿 대다수는 현역 활동 중에 시뮬레이션을 이용한 엔진 고장 이외에 엔진 고장 때문에 일어나는 정지 상황을 경험하지 못한다는 의미다.

 실제 엔진 고장이 발생했는데 착각해서 멀쩡한 엔진을 정지해버리면 큰일이다. 그래서 파일럿 두 명은 서로 확인하면서 조작을 수행한다. 보잉777은 왼쪽 엔진이 고장 나면 체크리스트에 따라 아래의 절차를 밟는다.

- 기장과 부조종사 둘이서 고장 난 엔진이 왼쪽 엔진인지 목소리를 내서 서로 확인한다.
- 기장은 왼쪽 엔진의 오토 스로틀을 끄고(off) 스러스트 레버를 천천히 아이들 위치로 보낸다.
- 부조종사는 '왼쪽 엔진 연료 컨트롤 스위치'라고 말하고, 왼쪽 엔진 연료 컨트롤 스위치에 손을 올린다.
- 기장은 '왼쪽 엔진 연료 컨트롤 스위치 확인'이라고 말하고 고장 난 왼쪽 엔진의 스위치임을 확인한다.
- 확인 후 기장은 부조종사에게 왼쪽 엔진 연료 컨트롤 스위치를 끄라고 지시한다.
- 지시를 받은 부조종사는 해당 스위치를 끈다.

CHAPTER 6

제트 엔진의 이륙에서 착륙까지

지금까지 제트 엔진의 원리와 구조를 살펴보았다. 이번 장에서는 이륙에서 착륙까지 제트 엔진의 운용과 조작을 알아본다. 예를 들어 이륙 추력의 설정 방법과 모든 엔진이 정지한 경우에는 어떻게 조작하는지를 살펴보고, 긴급 상황에 조작하는 방법 등을 확인한다.

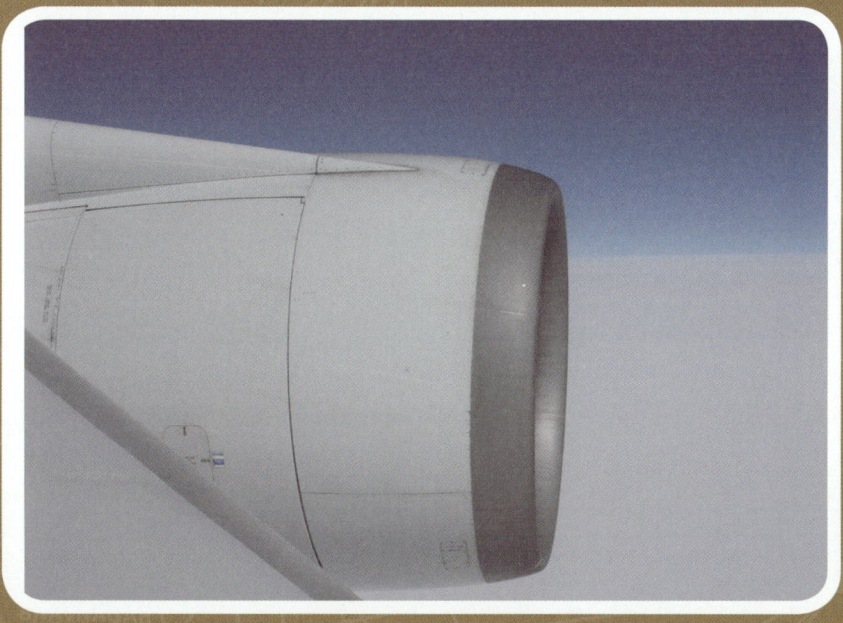

비행의 시작은 APU

APU의 주요 역할은 무엇인가?

비행은 APU(Auxiliary Power Unit) 스타트에서 시작된다. APU란 비행기 가장 뒤쪽에 달려 있는 소형 가스 터빈 엔진을 말하며, 조명이나 전자기기류에 전력을 공급하거나 에어컨과 엔진 스타트에 쓰이는 압축공기를 공급하는 보조 동력 장치다.

지상에도 기체에 장착된 APU와 같은 역할을 하는 동력 시설이 있는데 GPU(Ground Power Unit)라고 한다. 예전에는 GPU를 완비하지 못한 지방 공항이 많았기 때문에 APU가 큰 역할을 했다. 모든 공항에 GPU가 설치된 이후에는 APU가 그다지 많이 사용되지 않는다. 연료 절감이나 배기가스 등 환경을 고려한 운항 방식이 선호되면서 착륙 후에 APU를 작동하지 않고 도착 게이트에서 GPU를 사용하는 경우가 많아졌기 때문이다.

쌍발기가 ETOPS 운항 방식을 적용하여 장거리 비행을 할 때면 APU가 반드시 필요하다.(ETOPS는 EDTO로 바뀌었다.) 엔진이 고장 나면 엔진 구동 발전기와 유압 펌프를 동시에 사용할 수 없다. 또 압축공기를 이용하는 에어컨도 제한해야 한다. 쌍발기가 엔진 고장을 일으키면 추력이 50퍼센트로 떨어질 뿐만 아니라 시스템의 절반 가까이가 영향을 받는다. 이럴 때 APU가 필요하다. APU는 지상의 보조 동력 장치와 달리 기체에 장착되어 있기 때문에 비행 중 긴급사태가 발생했을 때 백업 기능을 하는 중요한 장치다.

장거리 비행에 필요한 APU

ETOPS

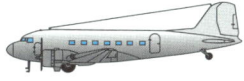

예전 DC-3 같은 리시프로 엔진의 쌍발기는 엔진 고장이 발생하면 60분 이내에 긴급 착륙할 수 있는 항로로 비행했다.

1980년대 제트 엔진 쌍발기인 에어버스 A330이나 보잉767은 60분에서 120분으로 확대한 ETOPS-120 규정으로 운항하여 대서양 횡단이 가능해졌다.

1990년대 에어버스 A330이나 보잉777은 180분으로 확대된 ETOPS-180 규정으로 운항하여 태평양도 횡단 가능해졌다. ETOPS 규정은 후에 EDTO 규정으로 바뀌었다.

태평양 횡단이 가능하려면 독립된 3계통의 전력 공급 시스템을 구비하고 있어야 한다. (아래 그림은 보잉777의 예)

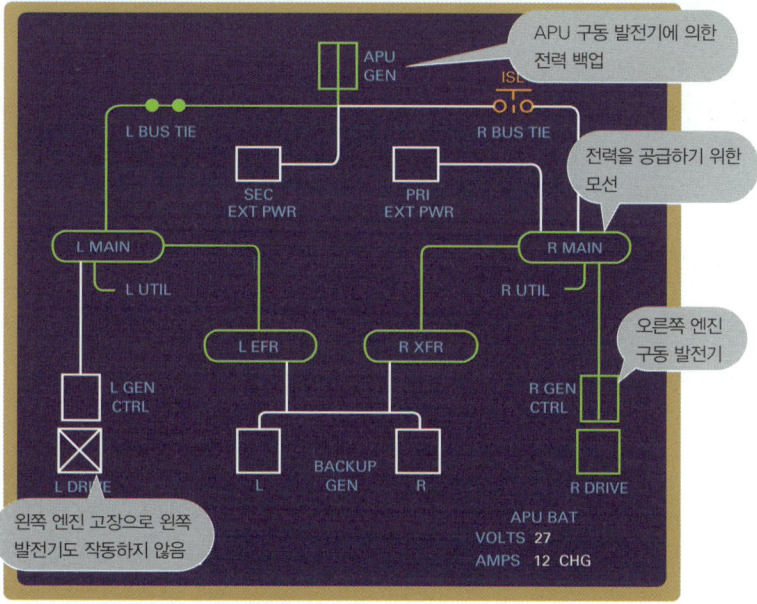

보잉777의 MFD(다기능 디스플레이)

APU 스타트(1)

에어버스 A330의 APU

앞서 APU가 얼마나 중요한 역할을 하는지 알아봤다. 그럼 이제 에어버스 A330의 APU를 스타트해보자.

모든 비행기는 외부 전력 공급 없이도 시동을 걸 수 있게 배터리로 작동하는 연료 펌프와 전동 스타터를 장비하고 있다. 이들 장치에 전력을 공급하기 위해서는 먼저 APU 배터리 스위치를 켜야 한다.

이것으로 출발 준비 완료이지만 실제로는 APU 화재경보 장치를 출발 전에 테스트해야 한다. 이 장치는 APU에 화재가 발생하면 APU를 자동으로 정지하고 소화제를 분사하는 역할을 한다. 또 화재뿐만 아니라 회전 속도나 윤활유 등의 이상을 감지한 경우에도 APU는 자동으로 정지한다.

화재경보 장치 테스트를 실시한 후에 APU 마스터 스위치를 켠다. 그러면 SD(시스템 디스플레이)에 APU 관련 페이지가 자동으로 표시되고 공기 흡입구 문이 열린다. 계속해서 스타트 스위치를 켜면 APU가 회전한다. 이윽고 서서히 가속하는 힘찬 소리가 조종석에서도 들린다.

가속을 거듭하여 회전 속도가 95퍼센트 이상이 되면 SD에서 APU 관련 페이지가 자동으로 사라진다. 그리고 전력 및 압축공기의 공급이 가능해진다. 단, 다량의 압축공기를 사용하는 에어컨을 사용하기 위해서는 잠시 난기 운전을 해야 한다.

에어버스 A330의 APU 관련 계기와 조작

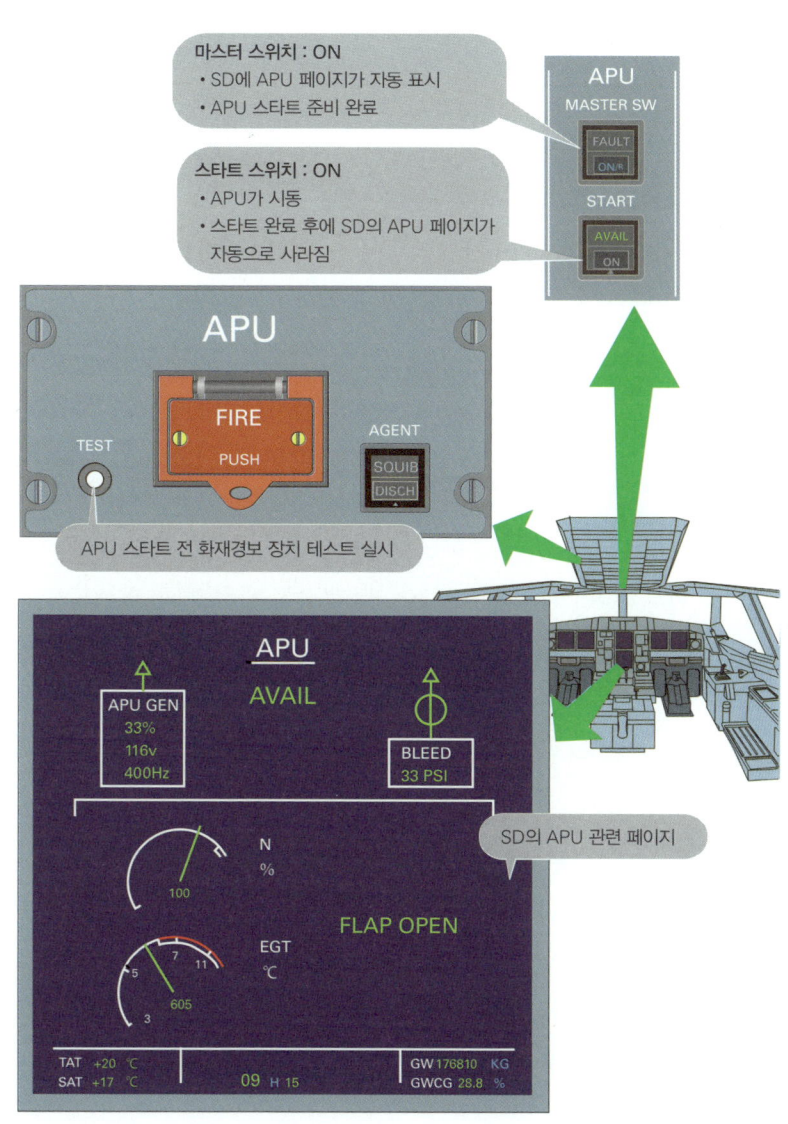

APU 스타트(2)

전동 스타터와 매뉴얼 체크 스타터

　에어버스 A330에 이어 보잉777의 APU 스타트를 알아보자. 먼저 디스플레이 선택 패널에서 APU의 회전수나 EGT 등이 표시되는 페이지를 선택한다. 에어버스처럼 자동으로 표시되지 않기 때문에 파일럿이 선택하여 조작한다.

　전기 제어 패널에 있는 APU 선택 스위치를 켜고 스타트 위치로 돌리면 APU가 회전하며 스위치는 스프링백(spring back)하여 켜짐 위치로 되돌아온다. 보잉 777 APU의 큰 특징은 전동 스타터와 매뉴얼 체크 스타터가 모두 가능하다는 점이다. 기온이 낮은 고고도를 장시간 비행하면 배터리 성능이 저하되어 전동 스타터가 작동하지 않을 수도 있기 때문에 만약 배터리로 스타트할 수 없다면, 엔진에서 추기한 압축공기를 이용해 매뉴얼 체크 스타터가 작동한다.

　APU의 회전 속도가 95퍼센트를 넘어서면 전력과 압축공기를 공급할 수 있다. GPU에서 전력을 공급받는 경우에는 APU 전원으로 자동 전환된다. 또 비행 중 전력 공급에 이상이 발생하면 APU는 자동으로 스타트하여 APU 구동 발전기로 전력을 공급한다.

　예전에는 기내 아나운서가 전원을 전환할 때 순간 꺼지는 일이 자주 있었다. 하지만 컴퓨터는 한순간이라도 꺼지면 정상적으로 작동하지 않기 때문에 오늘날 비행기에는 NBPT(No Break Power Transfer. 무차단 전력 전환)라는 장치가 마련되어 있어 전류 끊김 현상은 사라졌다.

보잉777의 APU 관련 계기와 조작

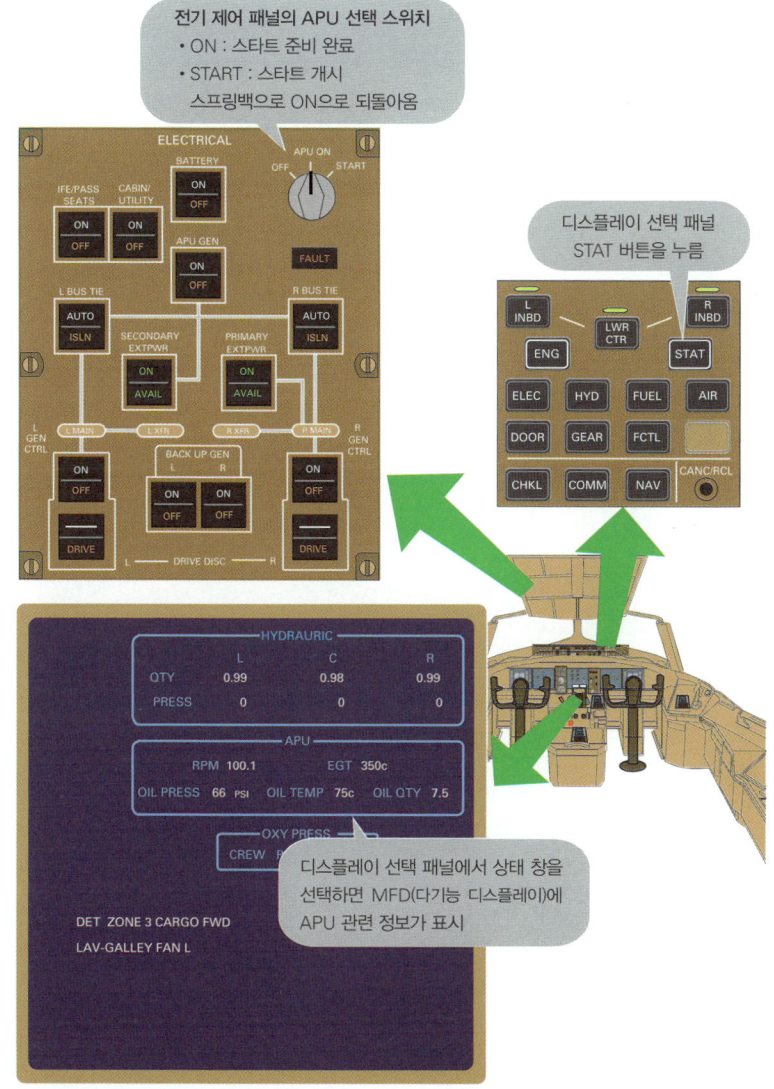

연료량 확인

얼마나 탑재 가능한가?

 기장은 출발 전에 윤활유량이나 품질, 비행 계획에 알맞게 연료가 탑재되어 있는지를 확인해야 한다. 윤활유량은 134쪽이나 138쪽의 그림에서처럼 엔진 페이지로 확인할 수 있다. 연료량은 메인 엔진 계기인 EW/D나 EICAS에도 표시되지만 각 탱크에 탑재된 양은 SD나 MFD에 표시된다.

 탑재 연료량은 엄밀히 계산해서 결정해야 한다. 같은 목적지라도 비행 당일의 비행 중량, 비행고도, 상공의 바람이나 온도 등에 따라 크게 달라지기 때문이다. 비행기는 목적지까지 소비하는 연료만 탑재하지 않는다. 소비 연료량을 보정하는 연료, 대체 공항까지의 소비 연료량, 공중대기를 위한 예비 연료 등을 탑재한다. 예를 들어 뉴욕행 보잉777-300ER의 탑재 연료량은 소비 연료 104톤, 보정 연료 5.2톤, 대체 공항 연료 2.9톤, 예비 연료 3.2톤, 지상 주행 연료 0.7톤, 이상 합계 116톤이다.

 파일럿에게는 간단한 암산 능력도 중요하다. 예를 들어 보잉777-300ER이 이륙하여 상승, 순항, 착륙할 때까지 소비하는 연료 무게는 이륙 중량에 따라 다르지만 1시간당 8톤 전후다. 뉴욕까지 비행시간이 12시간 30분이라면 소비 연료 무게는 8×12.5=100톤 내외라고 계산할 수 있기 때문에 탑재 연료량을 확인할 때 도움이 된다. 순항 중 소비량은 1시간당 7톤 전후이기 때문에 예를 들어 잔여 연료가 50톤이라면, 7시간 이상은 비행할 수 있다는 계산도 가능하다.

에어버스 A330 ECAM 연료 페이지

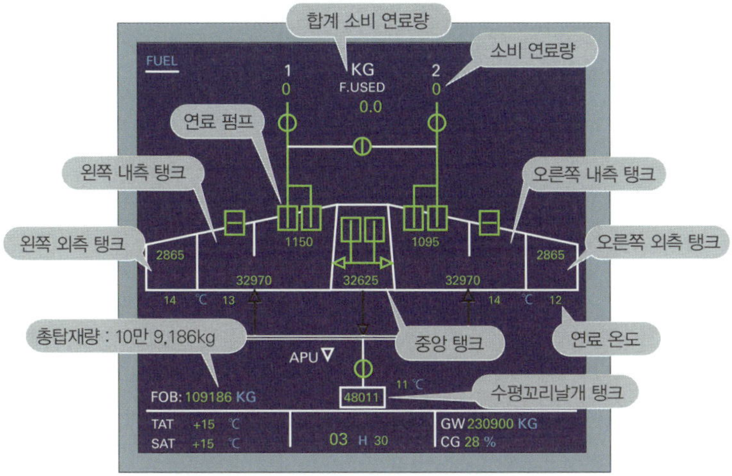

FUEL

1　KG　2
0　F.USED　0
　　0.0

합계 소비 연료량
소비 연료량
연료 펌프
왼쪽 내측 탱크 — 1150
오른쪽 내측 탱크 — 1095
왼쪽 외측 탱크 — 2865
오른쪽 외측 탱크 — 2865
32970　32625　32970
14 ℃　13　　　14 ℃　12
연료 온도
총탑재량 : 10만 9,186kg
APU
중앙 탱크
11 ℃
48011
수평꼬리날개 탱크
FOB: 109186 KG
TAT +15 ℃　GW 230900 KG
SAT +15 ℃　03 H 30　CG 28 %

에어버스 A330의 SD(시스템 디스플레이)

보잉777 EICAS 연료 페이지

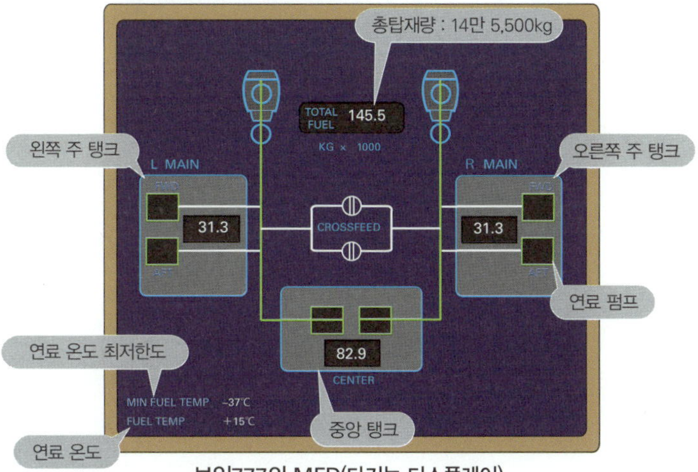

총탑재량 : 14만 5,500kg

TOTAL FUEL　145.5
KG × 1000

왼쪽 주 탱크 — L MAIN — 31.3
오른쪽 주 탱크 — R MAIN — 31.3
CROSSFEED
연료 펌프
중앙 탱크 — CENTER — 82.9
연료 온도 최저한도 — MIN FUEL TEMP　-37℃
연료 온도 — FUEL TEMP　+15℃

보잉777의 MFD(다기능 디스플레이)

엔진 스타트 준비   6-05

엔진 블라스트란 무엇인가?

탑승구와 화물칸을 포함한 모든 문이 닫히면 드디어 엔진 스타트에 들어간다. 그러나 파일럿 마음대로 엔진 스타트를 할 수는 없다. 하늘에서는 물론이고 지상에서도 안전한 운행을 위해 항공교통관제(ACT, Air Traffic Control)의 지시나 허가가 필요하다.

실제 비행을 예로 들자면 하네다 공항의 경우, 지상 주행 전용 관제를 수행하는 '도쿄 그라운드'에서 엔진 스타트 허가를 내리면 적색등이 회전하는 충돌 방지등이 작동한다. 충돌 방지등은 그 이름대로 공중 충돌이나 접촉 위험이 있을 정도로 근접하는 니어미스(near miss)를 방지하는 장치이지만, 지상에서는 비행기 주변의 사람이나 차량에게 보내는 경고 신호다. 엔진이 아이들 추력이더라도 블라스트(blast)라는 엔진 분사 때문에 돌풍이 발생한다. 파일럿은 지상에서 감시하는 정비사와 인터폰으로 주위 안전을 확인하면서 스타트를 진행해야 한다.

다음으로 연료가 탑재된 탱크 내의 연료 펌프 스위치를 모두 켜서 엔진에 연료를 공급한다. 이때 공급 방식은 에어버스기와 보잉기가 서로 다르다.

에어버스 A330의 중앙 탱크 펌프는 엔진에 직접 공급하지 않고 좌우 주 날개의 탱크로 연료를 배분한다. 엔진에 연료를 공급하는 펌프는 주 날개 탱크에 장착되어 있다. 보잉777의 중앙 탱크 펌프는 다른 펌프보다 토출압이 크기 때문에 모든 펌프가 작동하더라도 중앙 탱크의 연료가 공급된다. 중앙 탱크가 비면 펌프는 자동으로 정지한다.

블라스트와 연료 펌프

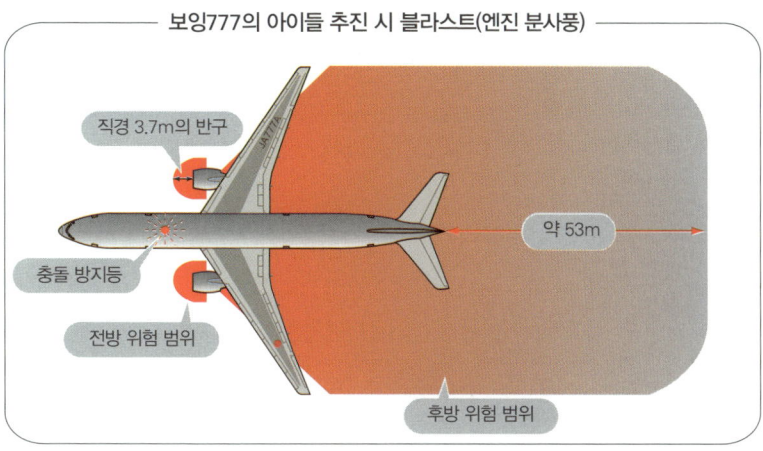

보잉777의 아이들 추진 시 블라스트(엔진 분사풍)

- 직경 3.7m의 반구
- 충돌 방지등
- 전방 위험 범위
- 약 53m
- 후방 위험 범위

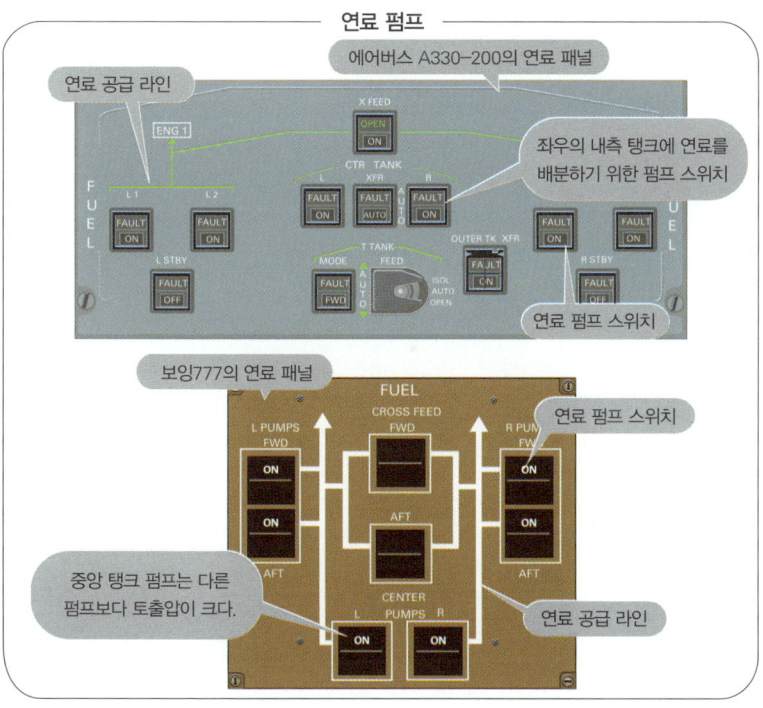

연료 펌프

에어버스 A330-200의 연료 패널
- 연료 공급 라인
- 좌우의 내측 탱크에 연료를 배분하기 위한 펌프 스위치
- 연료 펌프 스위치

보잉777의 연료 패널
- 중앙 탱크 펌프는 다른 펌프보다 토출압이 크다.
- 연료 펌프 스위치
- 연료 공급 라인

엔진 스타트

자동이지만 감시가 중요하다

6-06

에어버스 A330에 탑재된 트렌트 엔진을 스타트해보자. 순서는 비행기 바퀴의 브레이크압을 확보하기 위해 No.1 엔진부터 시작한다. 참고로 바퀴의 브레이크압은 No.1 엔진을 구동하는 유압 펌프로 작동한다.

일반적으로는 오토 스타트 기능을 이용해 스타트 밸브, 점화 장치, 연료 개폐 밸브, 연료 유량 등을 자동으로 제어한다. 문제가 발생하면 자동으로 정지하여 30초간 공회전하는데, 엔진 내부에 남은 연료를 배출하는 기능도 있다. 다음은 오토 스타트의 조작 순서와 확인 사항을 정리한 것으로 1분가량 소요되는데, 반드시 파일럿이 감시하고 확인한다.

① 엔진 스타트 스위치가 자동으로 표시되는지 확인
② SD에 엔진 스타트 페이지가 자동으로 표시되는지 확인
③ EW/D의 N_3계의 XX 표시가 꺼지는지 확인
④ 엔진 마스터 스위치를 ON 위치로 조작
⑤ 스타트 밸브를 열어 N_3의 회전을 확인
⑥ N_3가 25~30퍼센트가 되면 SD로 점화 장치 표시를 확인
⑦ 연료 유량계의 지시값을 확인
⑧ EGT의 지시 개시에 따라 점화를 확인
⑨ 유압 상승 여부 확인
⑩ EGT의 최고 온도 감시
⑪ N_3가 50퍼센트가 되면 스타트 밸브를 열고 점화 장치가 꺼짐을 확인
⑫ EPR계에 'AVAIL'(유효)가 표시되는지 확인

에어버스 A330의 엔진 스타트

엔진 스타트 중지

엔진 중지 시 감시해야 할 사항

여기서는 엔진 스타트를 중지해야 하는 대표적인 예를 살펴본다. 먼저 연소실로 유입되는 연료량이 많거나 타이밍이 적절하지 않으면 EGT가 급상승하여 핫 스타트(hot start) 현상이 일어난다. 이는 고압 압축기의 회전 속도가 아직 매분 2,000회전 수준에 불과하고 엔진 유입 공기량도 적어서 연소실로 보내는 냉각 공기량이 부족한 상태를 의미한다. 그래서 엔진 스타트 시에 EGT 제한치는 낮게 설정되어 있다. 예를 들어 트렌트 엔진은 섭씨 700도, GE90-115B 엔진은 섭씨 750도를 넘을 때 핫 스타트로 판단한다.

이와 반대로 연소 유량계 지시 이후 일정한 시간이 경과해도 EGT가 표시되지 않는 웨트 스타트(wet start) 현상이 발생해도 엔진 스타트를 중지해야 한다. 그 원인은 점화 장치 불량으로 엔진 배기구에서 연료가 분무되는데도 엔진이 점화되지 않는 현상이다.

또 스타터를 너무 빨리 정지하거나 스타터의 힘이 부족하면 연소가 시작되어도 아이들까지 가속되지 않아 EGT가 급상승할 위험이 있다. 이를 헝 스타트(hung start)라고 한다.

오토 스타트를 이용할 때 이상과 같은 현상이 발생하면 연료 공급이 정지되고, 스타트 밸브가 잠기며 점화 장치가 중단되어 엔진이 정지한다. 그리고 잔여 연료를 배출하기 위한 엔진 공회전을 실시한다. 다만 에어버스기와 보잉기는 윤활유를 감시하는 기능이 없기 때문에 파일럿이 유압이나 유온이 상승하지 않는지 감시해야 한다.

엔진 스타트 중지 표시와 감시 사항

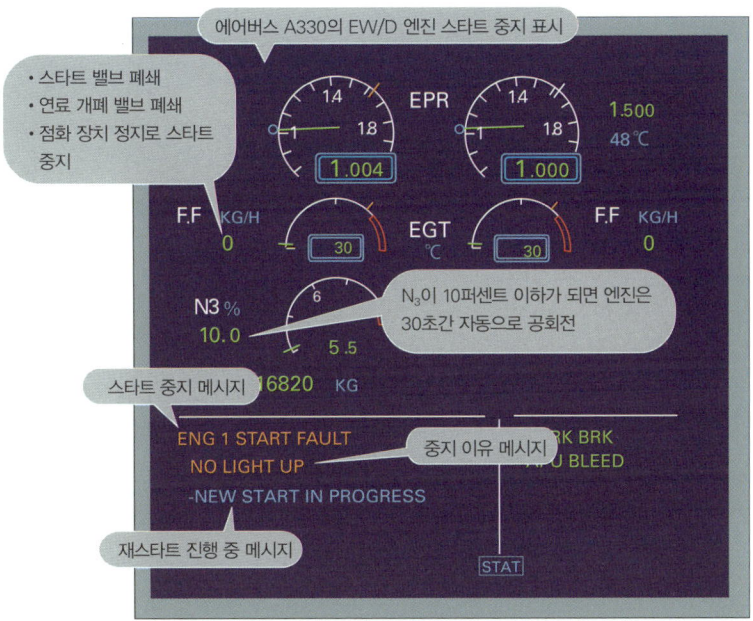

오토 스타트 진행 중 스타트 중지 시 감시 사항		
명칭	현상	원인
핫 스타트	EGT 제한 초과	• 연료 유량 과다 • 스타터 힘 부족 • 강한 배풍
웨트 스타트	연료 유입 후 규정 시간 내에 점화가 안됨	• 점화 장치 불량
헝 스타트	연소는 시작되었는데 회전수가 가속되지 않음	• 스타터 힘 부족 • 연료 유량 감소
엔진 스톨 (Engine Stall)	압축기 날개 실속	• 유입 공기의 난기류 • 잘못된 연료 유량
팬이 회전하지 않음	고압 압축기는 회전하는데 팬이 회전하지 않음	• 팬 회전축 고착

보잉777에서는 추가로 스타터 샤프트의 파손, 압축공기 부족, 스타터 작동 제한 시간 초과 등도 감시한다.

엔진 방빙 장치

6-08

얼음과의 싸움

엔진 스타트 완료 후 바로 수행해야 하는 조작이 있다. 외기 온도가 섭씨 10도 이하일 때 눈, 비, 안개 등 눈에 보이는 수분이 있거나 혹은 유도로나 활주로에 눈, 얼음, 물웅덩이 등이 있다면 엔진 방빙 장치를 작동해야 한다.

물이 어는 온도는 섭씨 0도 이하인데 왜 섭씨 10도 이하일 때 작동해야 할까? 그 이유는 96쪽에서 설명한 바와 같이 엔진으로 유입되는 공기가 팽창해서 공기 흡입구 부근의 온도가 급격히 떨어지기 때문이다. 특히 지상 주행처럼 비행기의 속도가 느릴 때는 공기 흡입구 부근의 온도 저하가 커서 외기 온도가 섭씨 10도라도 착빙하는 경우가 있다.

착빙 후에 방빙 장치를 작동하면 녹아서 벗겨진 얼음이 엔진으로 빨려 들어가 고장 원인이 되기 때문에 제빙이 아니라 착빙을 막기 위해 미리 작동해야 한다. 일단 착빙되면 2분 이내에 엔진이 정상 작동하지 않을 수 있다.(96쪽 참조) 또 EPR의 엔진 입구 압력 센서인 프로브(probe)에 착빙하면 평소보다 EPR값이 높게 표시되고, 정규 이륙 추력 설정이 불가능해져서 상당히 위험하다.

유도로나 그 주변에 눈 또는 얼음이 있다면 앞 비행기와의 거리를 평소보다 더 벌려야 한다. 앞 비행기의 엔진 블라스트 때문에 흩날리는 눈이나 얼음에 바로 맞을 수 있기 때문이다. 또 눈이 많이 내리는 상황에서 대기해야 한다면 평상시 아이들보다는 엔진 출력을 높여 방빙 효과를 올리는 편이 좋다.

에어버스 A330의 엔진 방빙 장치 작동

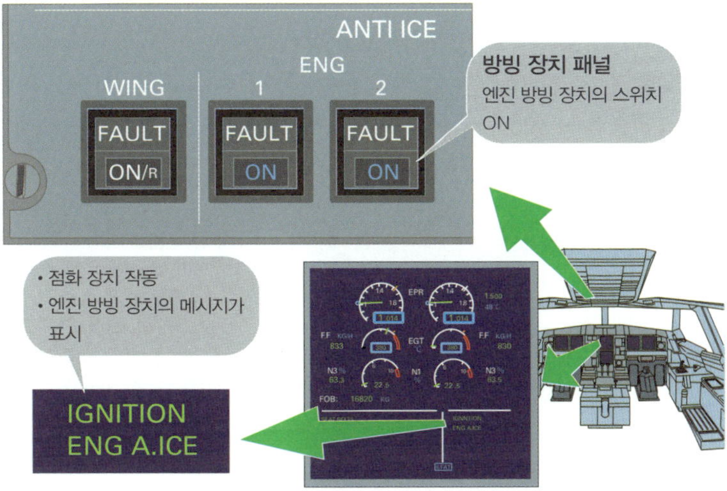

ANTI ICE
- WING: FAULT / ON/R
- ENG 1: FAULT / ON
- ENG 2: FAULT / ON

방빙 장치 패널
엔진 방빙 장치의 스위치 ON

- 점화 장치 작동
- 엔진 방빙 장치의 메시지가 표시

IGNITION
ENG A.ICE

보잉777의 엔진 방빙 장치 작동

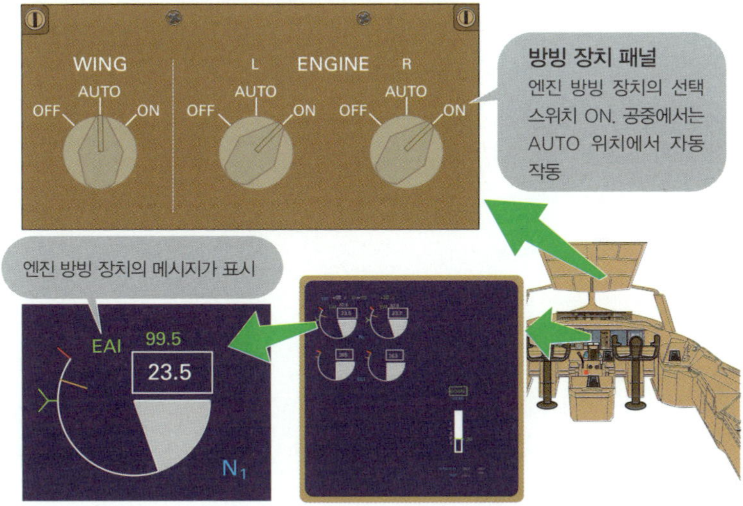

- WING: OFF / AUTO / ON
- L ENGINE: OFF / AUTO / ON
- R: OFF / AUTO / ON

방빙 장치 패널
엔진 방빙 장치의 선택 스위치 ON. 공중에서는 AUTO 위치에서 자동 작동

엔진 방빙 장치의 메시지가 표시

EAI 99.5
23.5
N_1

이륙 추력과 외기 온도

6-09

EPR과 TIT에 제한이 있다

 드디어 이륙이다. 여기서는 144쪽에서 설명한 추력 크기를 나타내는 파라미터(parameter)인 EPR(엔진 압력비)을 예로 들어 이륙 추력을 어떻게 설정하는지 확인해본다.

 이륙 추력은 엔진 최대 출력이다. 그래서 제1단 터빈 블레이드로 흡입되는 가스의 온도인 TIT(터빈 입구 온도)가 가장 뜨거울 때이기도 하다. TIT를 높게 설정할수록 추력은 커지지만 엔진 수명은 짧아지고, 터빈 블레이드의 변형이나 손상으로 인해 엔진 고장을 일으킬 수 있다. 가능한 한 TIT를 제한하여 이륙 추력을 설정한다.

 TIT는 엔진이 흡입하는 공기 온도에 큰 영향을 받는데 이륙 중에는 OAT(외기 온도)에 주의해서 살펴야 한다. OAT가 높아짐에 따라 상승하는 TIT를 억제하기 위해서는 연소실 연료 유량을 줄여야 한다. 바꿔 말하면 EPR을 낮춰서 TIT를 일정하게 유지해야 한다. 이렇게 TIT에 따라 제한되는 정격 추력을 풀 레이팅(full rating)이라고 한다.

 반대로 OAT가 떨어지면 EPR을 높일 수 있다. 그러나 EPR을 높이면 연소실 내의 압력도 높아지기 때문에 내구성에 문제가 발생한다. 또 필요 이상으로 추력이 높으면 오히려 이륙 성능이 나빠진다. 이런 문제 때문에 적정 온도 이하에서는 EPR을 일정하게 유지해야 한다. 이렇게 연소실 내 압력 등을 이유로 제한되는 정격 추력을 플랫 레이팅(flat rating)이라고 한다. 플랫이라는 이름을 사용하는 이유는 오른쪽 그래프처럼 EPR값이 일정하게 고정되기 때문이다.

외기 온도와 TIT · EPR의 관계

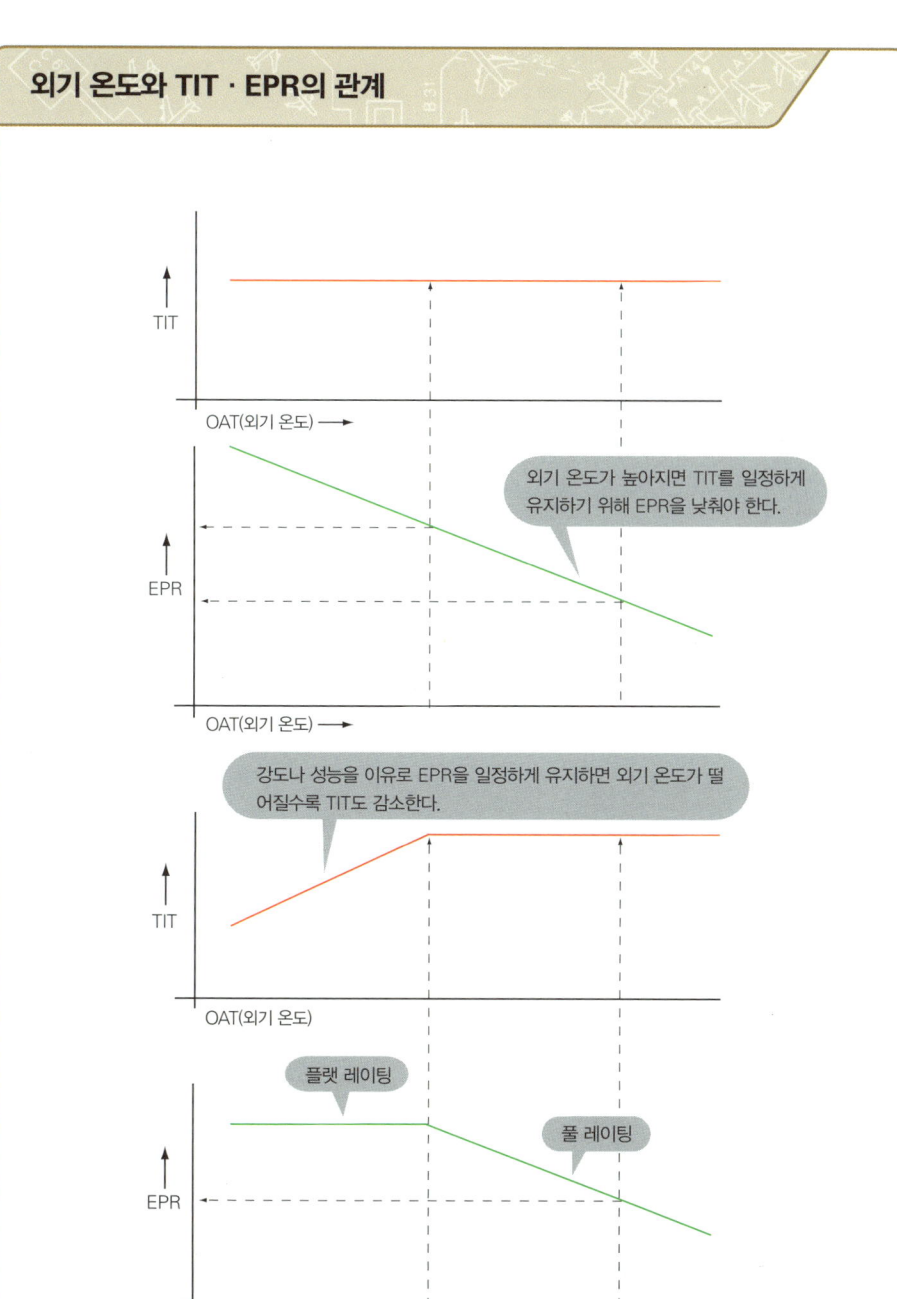

6-10 이륙 추력과 기압

기압이 떨어지면 EPR을 높일 수 있다

EPR과 기압의 관계를 알아보자. 엔진이 흡입하는 기압이 낮으면 연소실 내부의 압력도 떨어지기 때문에 EPR을 높일 수 있다. 1기압 1,013hPa일 때 OAT가 섭씨 15도 이하에서 플랫 레이팅이 되는 엔진을 예로 들어보겠다. 기압이 1,000hPa로 떨어지면 EPR은 1,013hPa일 때보다 높아지기 때문에 기압의 변화와 EPR의 관계는 오른쪽 상단 그래프와 같다. 또한 기압이 떨어지면 플랫 레이팅 영역으로 진입하는 온도가 섭씨 15도에서 섭씨 10도로 낮아진다는 사실을 알 수 있다.

플랫 레이팅 영역 내에서 엔진을 운용하면 TIT도 낮아져 엔진의 수명이 연장된다. 즉, 경제적인 운항이 가능하다. 또한 이 영역 내에서 추력의 크기는 일정하기 때문에 이륙할 때 필요한 거리를 산출하는 일도 손쉽다. 단, 섭씨 15도처럼 낮은 OAT에서는 운용상 문제가 있기 때문에 GE90-115B를 비롯한 거의 모든 엔진은 오른쪽 하단 그래프처럼 1기압에 해당하는 플랫 레이팅 영역을 낮추는 방법, 다시 말해 추력 저하를 다소 감수하더라도 플랫 레이팅으로 진입하는 OAT를 섭씨 15도에서 섭씨 30도로 높게 설정한다.

한편 엔진 성능의 기준이 되는 온도는 섭씨 15도다. 이는 국제민간항공기구(ICAO. International Civil Aviation Organization)가 제정한 국제표준대기(ISA. International Standard Atmosphere)다. 예를 들어 OAT가 섭씨 30도라면 ISA의 기준보다도 섭씨 15도 높다는 의미에서 'ISA+15℃'라고 표기한다. 오른쪽 하단 그래프는 'ISA+15℃' 이상에서 플랫 레이팅 영역으로 진입하는 엔진이다.

기압과 EPR의 관계

기압이 낮다
1,000hPa
1,013hPa
기압이 높다

EPR

OAT(외기 온도) 10℃ 15℃

기압이 떨어지면 연소실 내 압력에 여유가 생기므로 EPR을 높일 수 있다.

990hPa
1,000hPa
1,013hPa

EPR

OAT(외기 온도) 10℃ 15℃ 30℃

1기압에 대한 플랫 레이팅 위치를 낮춰 풀 레이팅이 중단되는 지점의 외기 온도를 높게 설정했다.

이륙 추력의 설정

OAT와 기압으로 정하는 추력의 크기

6-11

앞서 이륙 EPR이 OAT와 압력을 통해 산출된다는 사실을 확인했다. 이제는 추력의 크기나 회전 속도가 어떤 식으로 변하는지 알아보자.

먼저 회전 속도를 살펴본다. 플랫 레이팅 영역에서는 OAT가 상승하면 회전 속도도 빨라진다. 그 이유는 엔진이 흡입하는 공기의 온도가 높으면 공기 밀도가 줄어들기 때문에 EPR을 일정하게 유지하기 위해서는 연료 유량을 늘려서 회전 속도를 높여야 하기 때문이다. 한편 회전 속도가 빨라지면 TIT도 상승하는데, 그 제한 값에 다다르면 이번에는 TIT를 일정하게 유지하기 위해 OAT를 높여 연료 유량을 줄여서 회전 속도를 떨어뜨려야 한다. 이 관계는 오른쪽 그래프와 같다.

다음으로 추력의 크기 변화를 살펴본다. 플랫 레이팅 영역에서 기압이 일정하면 그 명칭대로 추력은 플랫한 상태, 즉 크기가 일정하다. 엔진 카탈로그에 '추력 5만 2,300kg, ISA+15℃'라고 적혀 있다면 1기압에 외기 온도가 섭씨 30도 이하라는 조건에서 추력의 크기는 5만 2,300kg이라는 의미다. 1기압 이하에서는 같은 온도라도 흡입 공기의 밀도가 작아지므로 EPR은 높아지지만 추력은 작아진다. 다시 말해 기압이 낮고 기온이 올라가면 추력은 작아진다.

한편 공항의 기압에 따라 항공기의 이착륙 가능 여부를 제한하고 있는데, 이는 기압을 고도로 환산한 기압고도로 표시한다. 예를 들어 에어버스 A330은 −609m(1,088hPa)부터 3,810m(632hPa) 이하, 보잉777은 −609m부터 2,560m(741hPa) 이하다.

이륙 추력을 설정하는 다양한 요인

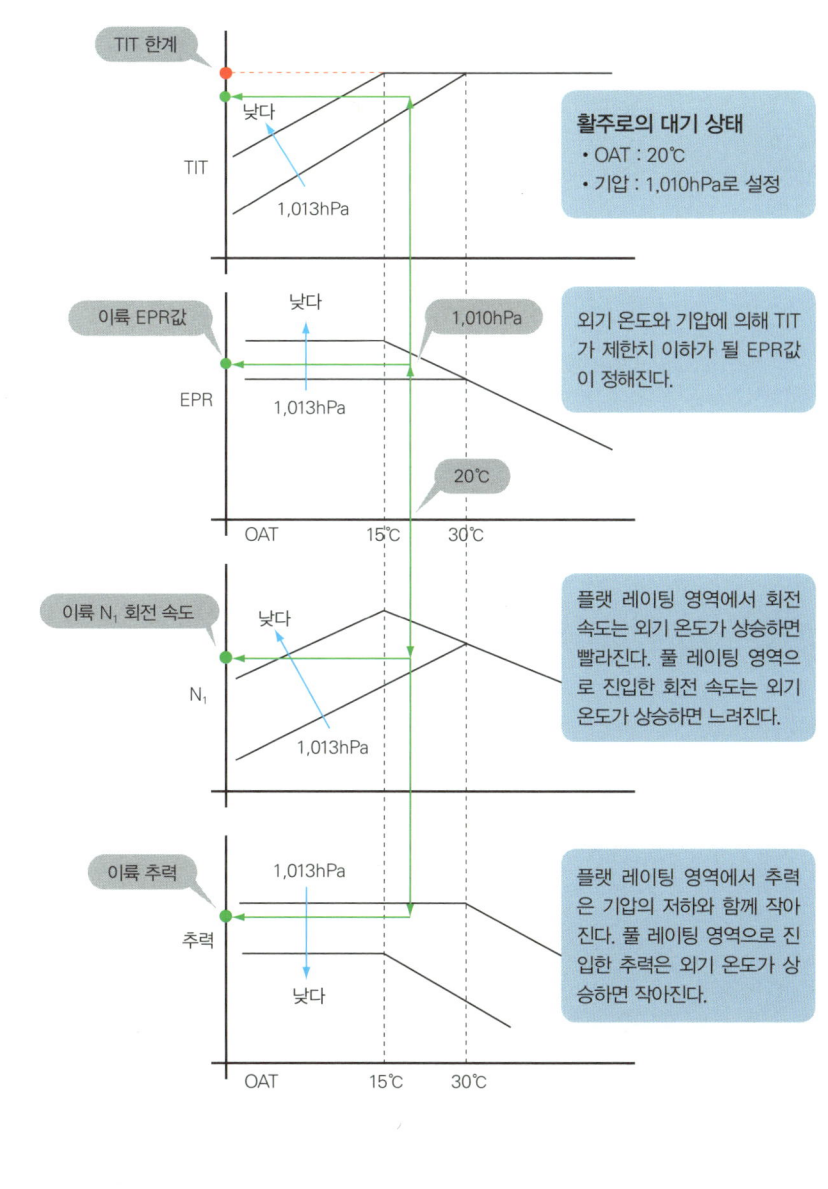

6-12 에어버스기의 이륙 추력 설정

에어버스 A330의 오토 스러스트

먼저 에어버스 A330의 이륙 추력 설정 순서를 알아본다. A330은 오른쪽 그림처럼 아이들부터 최대 이륙 추력까지 각각의 추력을 발휘하는 스러스트 레버의 위치가 정해져 있다. 최대 이륙 추력은 'TOGA'이지만 경제적인 운항을 위해 TIT에 제한을 두고 이륙 중량, 활주로의 상태 등을 고려하여 최대 이륙 추력보다 5~25퍼센트 감소된 이륙 추력인 'FLX'로 설정하기도 한다. 그리고 이륙 추력의 목표인 ERP값은 OAT와 기압으로 자동 산출되어 EW/D에 표시된다.

어떤 추력을 이용하든 한 번 만에 설정을 완료하지 않는다. 먼저 스러스트 레버로 추력을 절반가량 올리고 좌우 엔진이 안정적인지 확인한 다음, TOGA 또는 FXL 위치까지 진행한다. 이렇게 2단계 방식으로 설정하는 이유는 좌우 엔진의 추력이 가속 차이로 인해 순간적으로 균형을 잃을 수 있어 이를 방지하기 위함이다.

한편 트렌트 700은 MEASTO라는 엔진 가속을 컨트롤하는 장치가 있어 스러스트 레버를 이륙 추력 위치까지 한 번에 올려도 문제가 없도록 설계되어 있다.

좌우 엔진의 안정성을 확인했다면 이제 스러스트 레버를 TOGA 또는 FLX 위치로 설정한다. 그러면 FCU(Flight Control Unit)에 있는 'A/THR'(Auto Thrust. 자동 추력 제어 장치)의 푸시 버튼이 점등하며 오토 스러스트의 암(ARM. 작동 준비 상태)을 알려준다. 이상으로 상승 추력이나 비행 속도 유지 등 착륙하기까지의 추력 제어는 오토 스러스트가 맡는다.

2단계 이륙 추력 설정

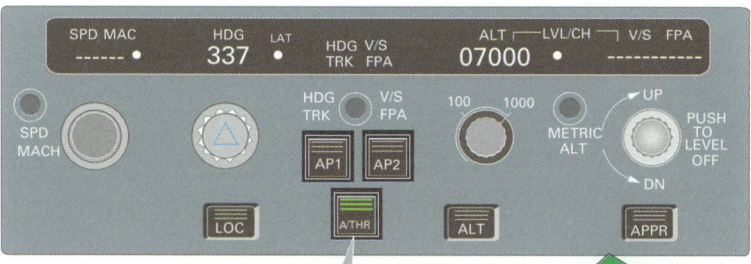

A330의 FCU(Flight Control Unit)

A/THR 푸시 버튼이 점등

① 스러스트 레버를 1.15EPR이 될 때까지 진행. No.1과 No.2 엔진이 안정적인지 확인한다.
② 스러스트 레버를 TOGA까지 진행한다.

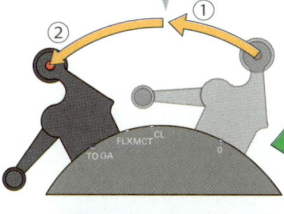

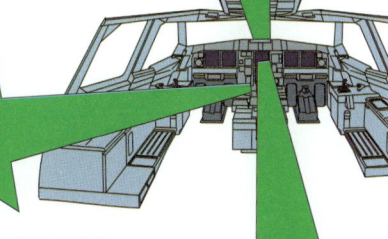

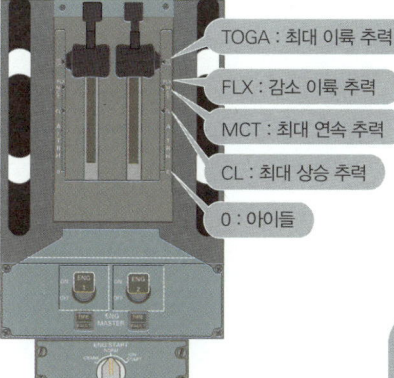

TOGA : 최대 이륙 추력

FLX : 감소 이륙 추력

MCT : 최대 연속 추력

CL : 최대 상승 추력

0 : 아이들

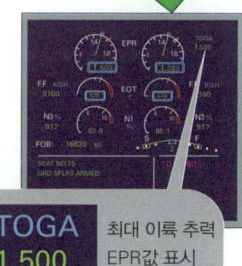

TOGA 1.500 — 최대 이륙 추력 EPR값 표시

보잉기의 이류 추력 설정

보잉777의 오토 스로틀

6-13

N_1이 이륙 추력의 목표치인 엔진의 이륙 추력 설정 순서를 살펴보겠다. 보잉기의 스러스트 레버는 에어버스기처럼 각각의 정격 추력을 발휘하는 위치가 정해져 있지 않다.

먼저 추력이 이륙 추력의 절반이 될 때까지 수동으로 스러스트 레버를 작동하는 것은 에어버스기와 동일하다. 특히 활주로에 눈이 내려 미끄럽거나 측풍이 심하다면 엔진의 가속 차이로 인해 좌우 엔진이 균형을 잃어버린다. 이 때문에 방향 유지가 무척 어렵다. 그래서 파일럿은 수동으로 절반가량만 출력을 올려서 좌우 엔진의 EPR이나 회전 속도가 동일해질 때까지 대기해야 한다.

다음으로 스러스트 레버에 있는 'TOGA' 스위치를 눌러서 ON으로 설정한다. 그러면 오토 스로틀이 작동하고 스러스트 레버가 이륙 추력이 될 때까지 자동으로 추진한다. 목표치인 N_1은 EICAS 디스플레이의 N_1계에 표시되기 때문에 실제 N_1 지시값과 일치하면 스러스트 레버는 정지한다.

TOGA 스위치를 작동하기 위해서는 MCP(Mode Control Panel)의 'A/T ARM'(Auto Control ARM) 스위치를 암 위치에 두어야 한다. 그리고 보잉777의 오토 스로틀은 좌우의 스러스트 레버가 독립적으로 작동하기 때문에 좌우 엔진에 각각의 암 스위치가 존재한다. 참고로 보잉747은 레버 네 개를 모터 하나로 구동하기 때문에 고장 난 엔진의 스러스트 레버가 아이들 위치에 있다면 오토 스로틀은 사용할 수 없다.

자동으로 작동하는 스러스트 레버

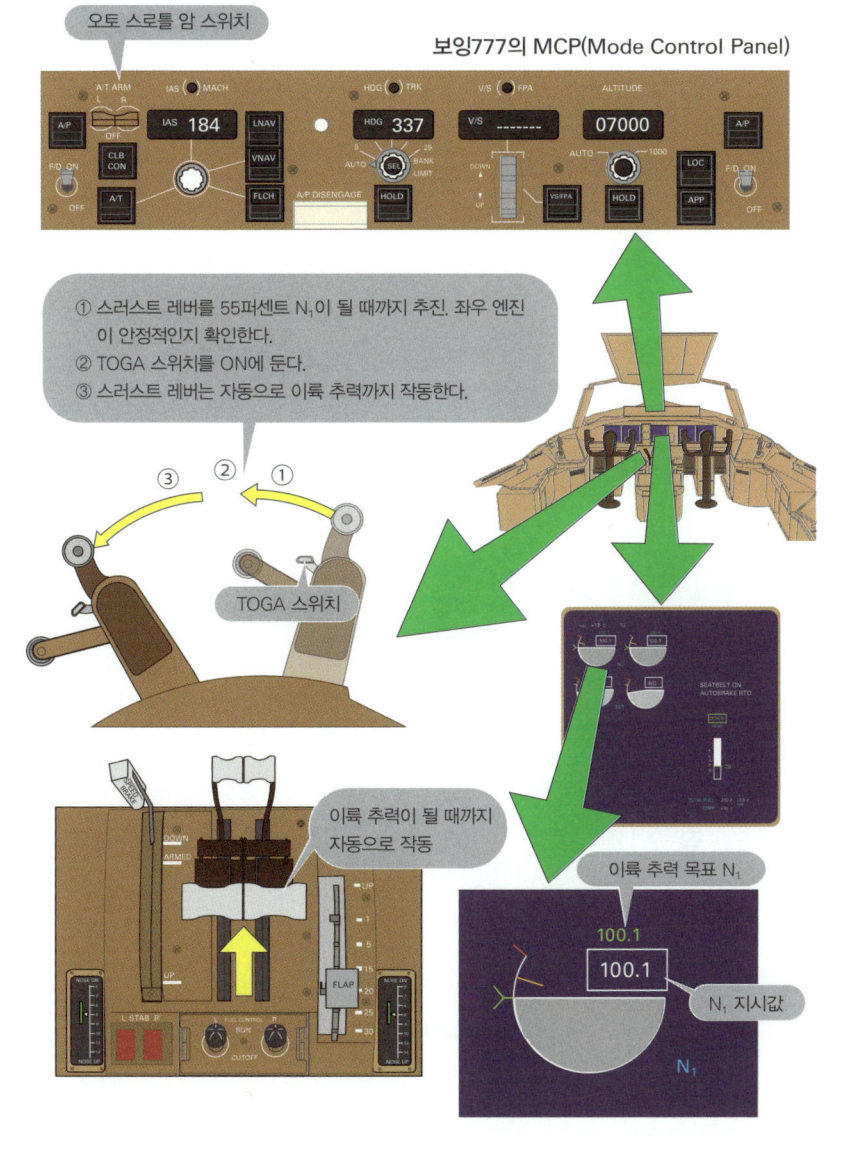

6-14 이륙 추력과 비행 속도
한 번 설정하면 바꿀 수 없다

에어버스기와 보잉기는 지상 활주 속도가 40노트(74km/시)~80노트(148km/시) 사이일 때 이륙 추력 설정을 완료해야 하며, 이후 이륙할 때까지 스러스트 레버를 조작할 수 없다.

비행기 속도가 빨라지면 엔진이 흡입하는 공기의 온도와 압력이 높아지기 때문에 비행기 속도에 따라 EPR을 조절해야 한다. EPR은 오른쪽 그래프처럼 60노트(111km/시) 이상이 되면 하락 비율이 현저해진다. 이처럼 EPR값이 속도와 함께 떨어지기 때문에 예를 들어 이륙 추력의 EPR인 1.500을 100노트(185km/시)로 설정했다면 100노트일 때의 EPR인 1.496을 초과한 이륙 추력 설정이므로 오버 부스터(over booster, 출력 초과)의 위험이 있다.

이륙 추력을 TOGA라고 하는 이유는 TO가 테이크 오프(Take Off), GA가 고 어라운드(Go Around)의 약자로 추력의 크기가 똑같지만 서로 EPR값이 다르기 때문이다. 고 어라운드란 어떠한 이유로 착륙을 위한 진입을 중단하고 다시 상승 자세로 바꾸는 것을 말한다. 고 어라운드 추력의 EPR은 착륙 시 진입 속도인 180노트(333km/시) 전후다. 그래서 최대 이륙 추력과 크기는 동일하지만 추력을 설정하는 속도가 빠를 뿐 EPR값은 작다.

또한 속도가 제로, 즉 브레이크를 밟은 상태에서 최대 이륙 추력을 설정하지는 않는다. 실제 운항 시에는 롤링 테이크 오프(Rolling Take Off)를 추천하고 상황에 따라서는 스탠딩 테이크 오프(Standing Take Off)를 실시하기도 한다.

비행 속도와 이륙 추력 · EPR의 관계

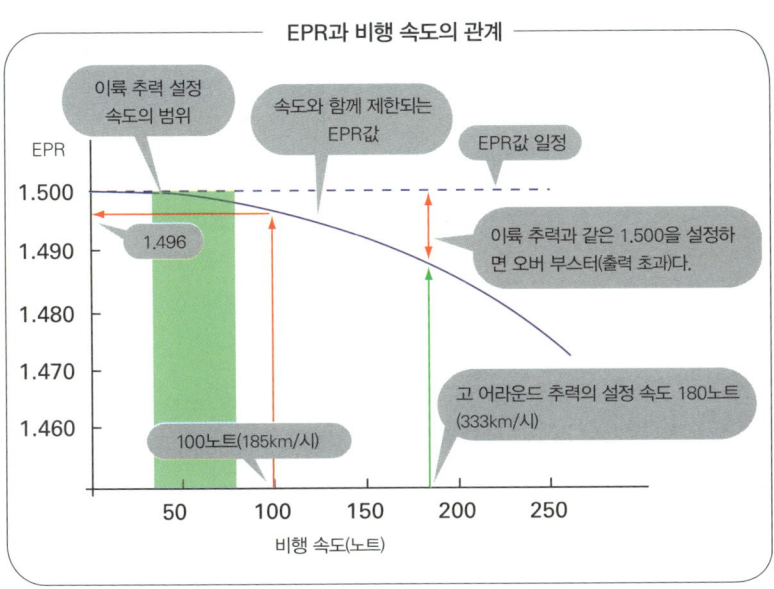

속도 40~80노트(74~148km/시)에서 이륙 추력을 설정하는 이유
추력 크기는 엔진이 흡입하는 공기의 온도, 기압, 속도에 영향을 받지만 이륙 시에는 속도를 정지 상태에서 350km/시 이상으로 올려야 할 만큼 변화폭이 크므로 속도는 고정된 값으로 두고 기온과 온도를 파라미터로 설정해서 이륙 추력을 결정한다. 그러나 이륙 추력에 도달할 때까지의 시간이 촉박하기 때문에 추력 설정 속도의 폭을 충분히 두고 있다.

속도 제로에서 이륙 추력을 설정하지 않는 이유
- 엔진의 서징 방지(특히 측풍이나 후풍)
- FOD(이물질 침입에 의한 손상) 방지
- 급격한 가속에 따른 불쾌감 방지
- 브레이크 마모 방지

롤링 테이크 오프
비행기의 바퀴 브레이크를 밟지 않고 스러스트 레버를 작동하여 이륙 추력의 절반가량으로 설정한 뒤 가속하면서 이륙 추력을 설정하는 이륙 방법이다.

스탠딩 테이크 오프
스러스트 레버를 작동하여 이륙 추력의 절반가량으로 설정한 뒤 비행기 바퀴 브레이크를 떼고 가속하면서 이륙 추력을 설정하는 이륙 방법이다.

이륙 개시

6-15

주요 속도를 통과할 때마다 확인한다

드디어 이륙 개시다. 여기서는 보잉777을 예로 들어 활주로에서 창공으로 날아오르기까지의 엔진 작동법을 살펴보겠다.

먼저 N_1이 55퍼센트가 될 때까지 스러스트 레버를 작동한 후 모든 엔진 계기가 안정적인지 확인한다. 비행기가 서서히 가속하면 속도가 50노트(92km/시)가 되기 전에 'TOGA' 스위치를 ON으로 설정한다. 왜냐하면 80노트(148km/시)에 도달할 때까지 이륙 추력을 얻지 못할 수도 있고, 50노트(92km/시)를 초과하면 오토 스로틀을 ON으로 설정할 수 없기 때문이다.

속도계에 80노트(148km/시)가 찍히면 이륙 추력이 올바르게 설정되었다는 의미이며 부조종사는 기장석과 차이가 없음을 확인하기 위해 "80노트"라고 속도계의 표시값을 외친다. 이때 스러스트 레버는 'HOLD'라는 작동 모터에서 일시적으로 빠져나와 자유롭게 움직이는 상태가 된다. 스러스트 레버가 작동 모터에서 일시적으로 빠지는 이유는 오작동에 의한 이륙 추력의 급격한 변화를 방지하기 위함이다. 예를 들어 파일럿은 이륙을 중지할 때 레버를 아이들까지 조절하는데, 모터 때문에 다시 이륙 위치로 돌아가지 않도록 하기 위해서다.

이후 추가 가속이 진행되면 컴퓨터의 자동 음성 안내 장치가 V_1(브이 원)이라고 말한다. 이때 기장은 이륙을 계속 진행한다는 의향을 명확하게 하기 위해 스러스트 레버에서 손을 뗀다. 그리고 V_R(브이 알)에 도달하면 비행기의 리프트오프를 위해 기수를 높이는 조작을 한다. 바퀴가 활주로에서 벗어나 높이 35피트(10.7m)를 이륙 안전 속도인 V_2(브이 투) 이상으로 통과하면 이륙의 첫 단계가 완성된다.

보잉777의 이륙

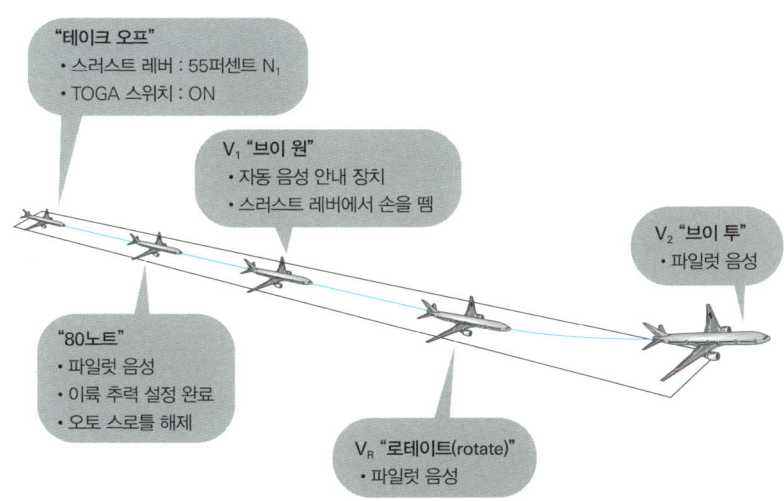

"테이크 오프"
- 스러스트 레버 : 55퍼센트 N_1
- TOGA 스위치 : ON

V_1 "브이 원"
- 자동 음성 안내 장치
- 스러스트 레버에서 손을 뗌

"80노트"
- 파일럿 음성
- 이륙 추력 설정 완료
- 오토 스로틀 해제

V_R "로테이트(rotate)"
- 파일럿 음성

V_2 "브이 투"
- 파일럿 음성

이륙 관련 속도	내용
이륙 개시	스러스트 레버를 작동하여 55퍼센트 N_1에서 안정적인지 확인 50노트(92km/시) 이전에 'TOGA' 스위치 ON
80노트(148km/시)	이륙 추력 설정 완료 스러스트 레버 'HOLD' 모드
V_1(이륙 결정 속도)	이륙을 계속할지 중지할지 결정하는 속도
V_R(이륙 전환 속도)	리프트오프를 위해 기수를 높이기 시작하는 속도
V_2(이륙 안전 속도)	안전하게 상승 가능한 속도

이륙 활주 중 엔진 고장

6-16

크리티컬 엔진이란?

여기서는 비행기가 활주로에서 엔진 고장을 일으키면 어떤 일이 일어나는지 살펴본다. 이륙 활주 중 엔진 고장은 그 상황에 따라 대처하는 난도가 다르다. 고장 시 다른 엔진에 비해 조종이 현저히 힘든 엔진을 크리티컬 엔진(critical engine. 임계 발동기)이라고 한다.

예를 들어 오른쪽 그림처럼 이륙 시 왼쪽에서 측풍이 부는 상황이라면 풍향계의 방향이 바람 부는 쪽으로 향하는 풍향계 효과 때문에 기수가 왼쪽(바람 부는 쪽)으로 향하려는 힘이 작용한다. 이때 왼쪽 엔진에 고장이 나면 풍향계 효과뿐만 아니라 오른쪽 엔진의 힘이 보태져 기수가 왼쪽으로 쏠리는 힘이 더 강해지므로 오른쪽 엔진 고장보다 조종이 더 까다롭다.

크리티컬 엔진이 고장인 상태로 활주로를 직진하려면 오른쪽 그림처럼 방향타를 조종해야 한다. 왼쪽 엔진은 추력이 제로이고 오른쪽 엔진은 이륙 추력이라는 극단적인 상황에서 기수가 왼쪽으로 돌아가려는 힘을 이겨내야 한다. 하지만 양력은 비행 속도에 비례하기 때문에 비행 속도가 느리면 방향타가 발생시키는 양력이 작아져 방향 수정이 불가능하다. 즉, 직진을 유지할 수 있는 최소 속도가 있다.

이렇게 좌우 추력이 각기 다른 상황에서 앞바퀴를 사용하지 않고 방향타에 있는 타면만의 힘으로 안전하게 이륙 활주를 진행할 수 있는 최소한의 속도를 최소 조종 속도(지상)라고 하고 V_{MCG}(MC : 미니멈 컨트롤, G : 그라운드)로 표기한다.

방향타를 조종해 엔진 고장에 대응한다

오른쪽 엔진의 추력과 방향타의 힘이 균형을 이뤄 직진한다. 이렇게 타면의 힘만으로 안전하게 이륙 활주를 진행할 수 있는 최소한의 속도를 V_{MCG}(최소 조종 속도)라고 한다.

활주로 중앙선과 차이는 최대 30피트(9.1m)까지 허용

방향타에 의해 기수가 오른쪽으로 향하는 힘이 작용

방향타를 오른쪽으로 조종

바람 방향

엔진 고장! 왼쪽에서 측풍이 불면 풍향계 효과로 기수가 왼쪽으로 돌아가려는 힘이 작용한다. 이때 왼쪽 엔진의 고장이 보다 더 나쁜 상황이므로 크리티컬 엔진(임계 발동기)은 왼쪽 엔진이다.

오른쪽 엔진의 추력에 의해 기수가 왼쪽으로 향한다.

이륙 속도 V_1(브이 원)

이륙 여부는 시기가 문제

항공 업계에는 '후방에 있는 활주로만큼 쓸모없는 것은 없다'라는 말이 있다. 엔진이 고장 나면 전방의 남은 활주로를 활용하여 이륙 여부를 결정해야 하는데, 이때의 속도를 V_1이라고 한다.

V_1은 이륙을 중지하기에는 최대 속도이며 이륙을 계속하기에는 최소 속도다. 그 이유는 V_1이 빠를수록 정지거리는 길어지고, V_1이 느릴수록 고장 나지 않은 엔진으로 속도 V_R까지 가속할 거리가 필요하기 때문이다. 이륙 중지 결정 후 정지할 때까지 필요한 거리를 가속 정지거리라고 하고, 이륙을 계속하기 위해 필요한 거리를 가속 계속 거리라고 한다. 이들 거리와 V_1의 관계는 오른쪽 그래프와 같다. 가속 정지거리와 가속 계속 거리가 교차하는 지점의 속도를 V_1으로 정하면 가장 거리가 짧으면서 두 거리가 동일함을 알 수 있다. 이렇게 이륙 계속 시점과 정지 시점의 필요 거리가 똑같은 V_1을 밸런스 V_1이라고 한다.

엄밀히 말해서 엔진 고장 발생 시점을 V_1의 1초 전이라고 가정하면 V_1일 때 이륙 정지 혹은 이륙 계속을 결정해도 필요한 거리는 동일하다는 의미다. 단, 이륙을 계속할 경우에는 활주로 끝을 10.7m의 높이로 통과해야 한다.

한편 V_1일 때 아무리 이륙을 계속하려고 해도 속도가 V_{MCG} 이하라면 방향 유지가 어렵기 때문에 이륙을 중지해야 한다. 즉, 이륙 결정 속도인 V_1은 V_{MCG} 이상이어야 한다는 뜻이다. 또 속도가 V_R에 도달했는데 이륙 유무를 결정하지 못하는 것도 문제가 있기 때문에 속도가 V_R 이하여야 한다. 이상을 등식으로 표현하면 $V_{MCG} \leq V_1 \leq V_R$이다.

V_1은 이륙을 계속하는 최소 속도

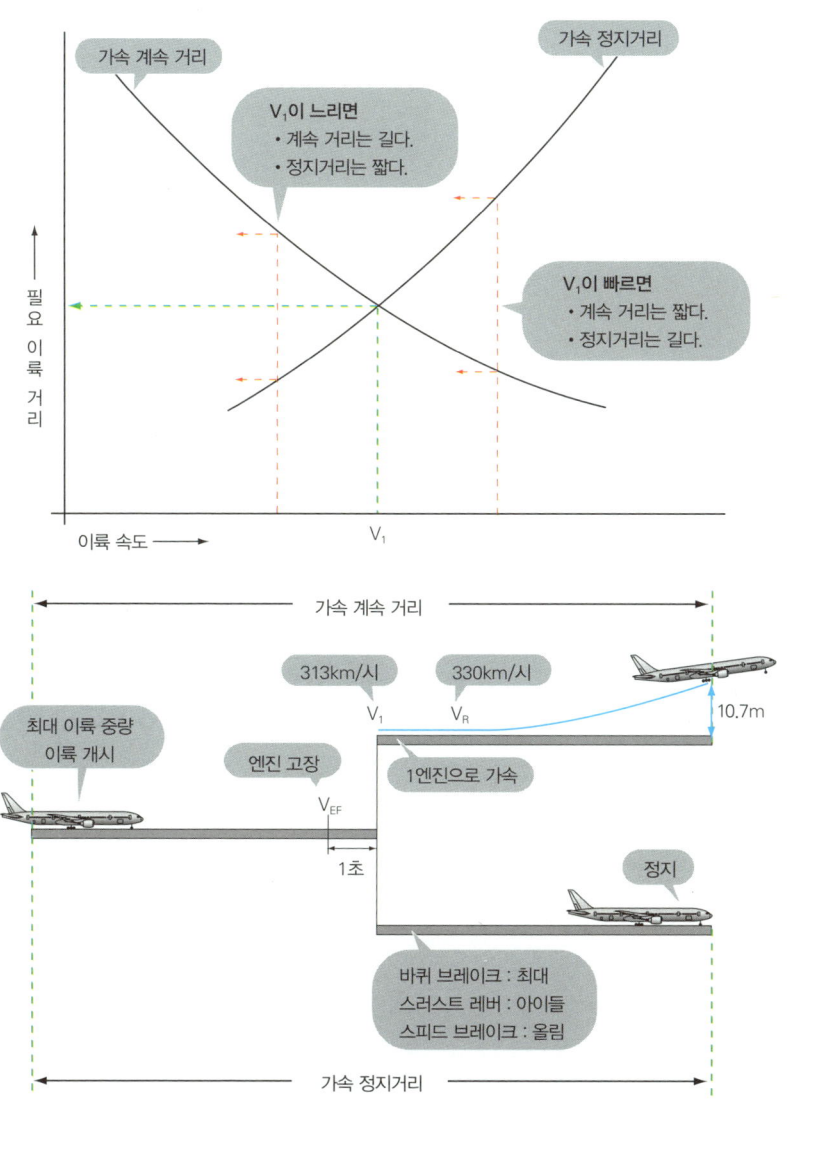

이륙 추력의 시간제한

엔진의 구조와 성능 때문에 필요하다

6-18

여기서는 이륙 추력의 '사용 제한 5분간'(또는 10분간)이 어떤 의미를 지니고 있는지 알아보겠다. 제트 여객기의 이륙이란 지상에서 1,500피트(450m) 위에 도달하거나 이륙 추력이 종료되고, 착륙 장치와 플랩이 완전히 올라간 운항 모드로 완전히 이행되었을 때를 말한다. 이륙할 때 지상에서 400피트(120m)가 될 때까지는 착륙 장치 격납 이외에 이륙 모드 변경은 불가하다. 바꿔 말하면 스러스트 레버나 플랩을 조작할 수 없다.

일반적으로 이륙을 개시하고 1~2분 후에는 450m에 도달하는데, 이때 이륙 추력을 상승 추력으로 전환하고 플랩을 올려서 이륙을 완료한다. 참고로 엔진이 고장 나면 이륙을 완료할 때까지 상당한 시간이 걸리지만, 이륙 추력 제한 시간인 5분 이내에 플랩을 완전히 올려야 한다. 왜냐하면 비행기가 공기저항이 적은 운행 형태가 되면 최대 연속 추력일지라도 450m 높이까지 상승하여 이륙을 종료할 수 있기 때문이다.

즉, 5분간의 이륙 추력 제한 시간은 엔진의 구조와 성능 때문에 요구된다. 5분 동안 운항 모드로 이행 못했을 경우를 고려하여 제한 시간을 10분간으로 두는 엔진도 있다. 엔진이 고장 나면 바로 회항하면 되지만, 이륙이 가능해도 착륙이 불가능한 기상 조건일 경우에는 다른 공항까지 비행해야 하기 때문에 결국 운항 모드로 이행한다.

이륙 추력의 사용에는 제한이 있다

제트 여객기의 이륙이란?
- 정지 상태에서 가속을 개시해 1,500피트(450m)에 도달할 때까지
- 이륙 모드에서 운항 모드로 이행을 완료할 때까지

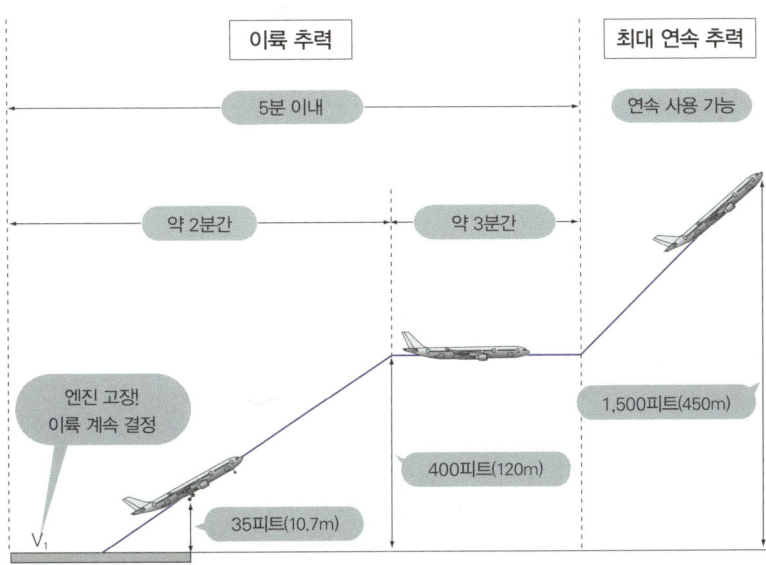

	제1단계	제2단계	제3단계	최종 단계
착륙 장치	내림	올림	올림	올림
플랩	이륙 위치	이륙 위치	이륙 위치→올림	올림
추력	이륙 추력	이륙 추력	이륙 추력	최대 연속 추력

에어버스기의 상승 추력 설정

오토 스러스트 모드

6-19

여기서는 에어버스 A330을 예로 들어 상승 추력을 설정하는 방법을 알아본다. 이륙 개시를 하면 스러스트 레버를 'TOGA'로 설정하여 오토 스러스트를 암(작동 준비 상태)시켰기 때문에 지상 1,500피트(450m) 또는 출발 전 설정한 고도에 이르면 자동으로 이륙 추력에서 상승 추력으로 전환된다. 엔진 고장이 발생하면 플랩을 완전히 올리는데, 이러면 자동으로 이륙 추력에서 최대 연속 추력으로 바뀐다.

A330의 오토 스러스트는 스러스트 레버를 자동으로 작동하는 시스템이 아니기 때문에 속도, 자세, 고도, 방위 등을 알려주는 PFD(Primary Flight Display)를 통해 스러스트 레버를 상승 추력 위치로 설정하라고 알려준다. 이는 엔진 출력과 레버의 위치 관계에 오차가 없도록 하기 위해서이지만 상승 추력보다 낮은 추력을 사용해야 한다는 의미도 있다. 또 최대 순항 추력의 레버 위치가 없다는 점에서 알 수 있듯이 에어버스기의 정격 추력에는 최대 순항 추력의 설정이 없다.

오토 스러스트는 이륙 추력이나 상승 추력을 자동으로 설정할 뿐만 아니라 실속(양력이 비행기의 무게를 지탱하지 못해 속도나 고도가 떨어지는 상태) 상태가 되면 최대 상승 추력으로 가속하는 기능도 있다. 그리고 오른쪽 그림처럼 오토파일럿과 오토 스러스트가 연동하여 수직 방향으로 자동 유도도 가능하다. 이 자동 유도 기능은 상승이나 순항할 때보다는 강하 또는 활주로에 진입할 때 강하 개시 지점을 산출하거나, 강하 각도 및 속도를 유지하는 데 중요한 역할을 한다.

에어버스 A330의 예시

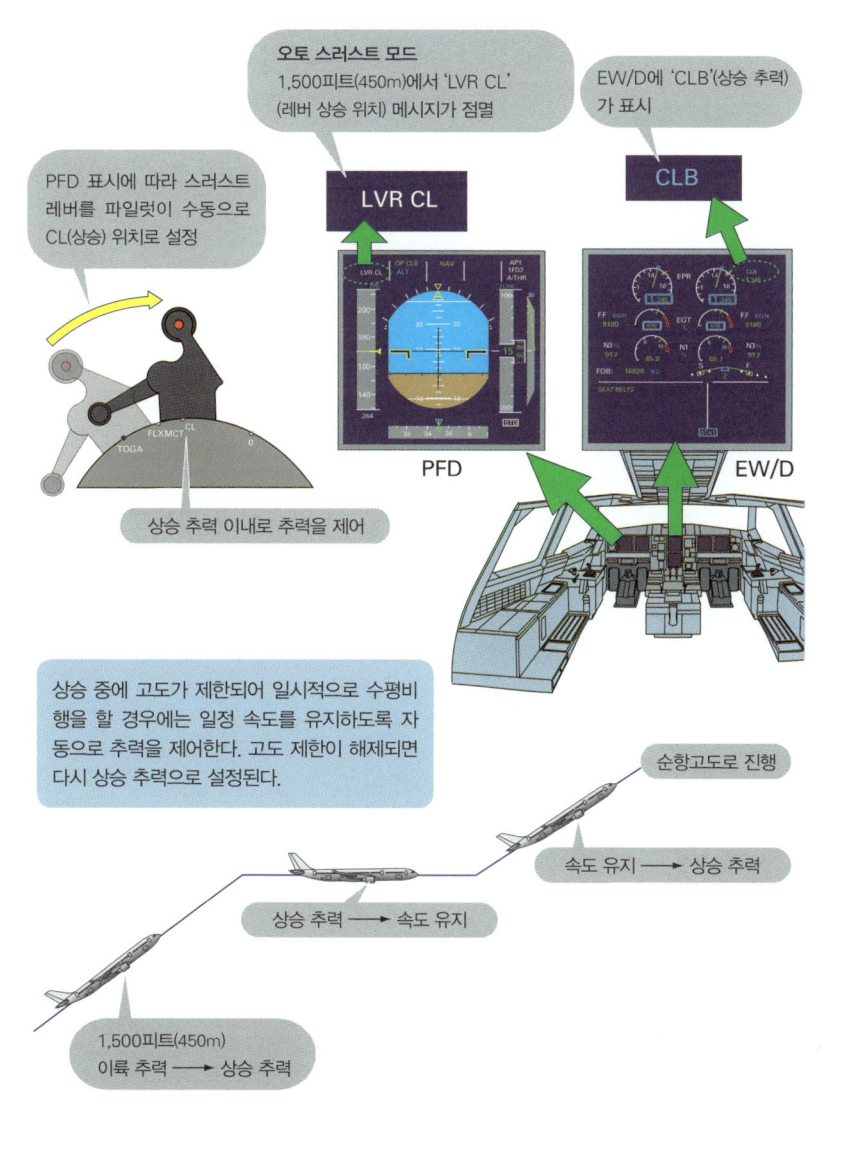

보잉기의 상승 추력 설정
오토 스로틀과 VNAV

6-20

에어버스기에 오토 스러스트가 있다면 보잉기에는 오토 스로틀이 있다. 이륙 추력부터 상승 추력까지 보잉777의 오토 스로틀이 어떻게 움직이는지 알아본다.

보잉777에도 오토 스로틀과 오토파일럿 연동에 의한 수직 방향 자동 유도 기능이 있다. 그리고 수직 방향과 수평 방향의 역할을 확실히 구분하기 위해 VNAV와 LNAV라는 개별 스위치가 있다. V와 L은 각각 수직(Vertical)과 수평(Lateral), NAV는 항법(Navigation)의 약자다. 그래서 VNAV는 수직 항법, LNAV는 수평 항법을 의미한다.

항법이란 목적지까지 안전하고 정확하면서도 신속하게 비행하기 위해 비행 경로를 설정하는 기술이나 방법을 말한다. 보잉777에서는 자동차 내비게이션처럼 수평 방향만 존재하는 2차원적인 항법이 아니라 수직 방향의 경로도 찾아주는 3차원 항법을 다룬다.

190쪽에서 살펴본 바와 같이 오토 스로틀은 이륙 추력을 설정한 후 속도가 80노트(148km/시) 이상이 되면 스러스트 레버가 작동 모터에서 빠져나와 자유로운 상태가 된다. 비행기가 리프트오프 후 높이 400피트(120m)를 통과하면 VNAV가 ON으로 되어 다시 이륙 추력을 유지한다. 그리고 1,500피트(450m) 또는 출발 전에 설정한 고도에 도달하면 오토 스로틀이 스러스트 레버를 작동해서 상승 추력을 설정한다. 플랩이 완전히 올라오면 최대 연속 추력으로 설정된다.

보잉777의 예시

1,500피트(450m)가 되면 자동으로 스러스트 레버가 작동하여 상승 추력으로 설정된다.

오토 스로틀 모드
'HOLD'에서 'THR REF'로 전환되어 상승 추력 이내에서 자동으로 추력을 제어한다.

'TOGA'에서 'CLB'로 변하고 상승 추력 설정값이 표시된다.

실제 지시값

PFD

EICAS

LNAV(수평 항법) 스위치
수평 방향에 관한 경로 정보 등을 알기 위한 스위치. 오토파일럿과 오토 스로틀에 의해 수평 방향의 자동 유도가 가능하다. 출발 준비 시에 암으로 해두면 이륙하여 50피트(15m)에서 작동한다.

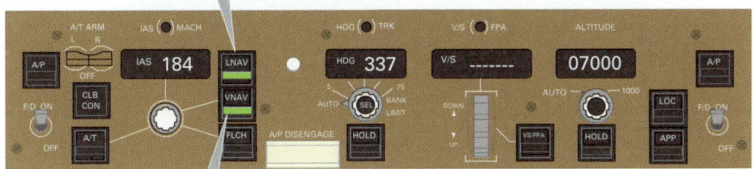

MCP(모드 컨트롤 패널)

VNAV(수직 항법) 스위치
수직 방향에 관한 경로 정보 등을 알기 위한 스위치. 오토파일럿과 오토 스로틀에 의해 수직 방향의 자동 유도가 가능하다. 출발 준비 시 암으로 해두면 이륙하여 400피트(120m)에서 작동한다.

상승 추력의 크기

고도와 속도의 영향

6-21

여기서는 상승 추력이 비행고도나 비행 속도에 어떤 영향을 미치는지 알아본다. 순추력은 70쪽에서 살펴봤듯이 다음과 같다.

(순추력)=(매초 흡입하는 공기량)×(분사 속도-비행 속도)

이렇게 순추력의 크기는 흡입하는 공기량과 비행 속도에 영향을 받는다. 먼저 흡입 공기량에 대해 살펴보자. 비행고도가 상승하면 기압과 공기 밀도는 떨어지기 때문에 흡입하는 공기량은 같더라도 무게는 감소한다. 이 때문에 순추력은 고도가 상승함에 따라 작아진다. 또 외기 온도가 높으면 공기 밀도가 떨어지기 때문에 순추력은 작아지고, 반대로 외기 온도가 떨어지면 순추력은 커진다. 외기 온도는 고도가 상승함에 따라 낮아진다.

이렇게 기압 저하에 따라 순추력이 감소하지만, 고도 상승에 따라 외기 온도는 떨어지기 때문에 순추력과 고도의 관계는 오른쪽 그래프와 같다. 상승 추력을 설정할 때 13톤이었던 순추력은 기압이 지상의 26퍼센트이고 외기 온도가 섭씨 영하 50도인 1만m 상공에서는 절반 이하로 떨어져 5.6톤이 된다.

다음으로 비행 속도와의 관계를 정리해보자. 앞의 등식에 따라 비행 속도가 빠를수록 순추력은 작아진다. 그러나 오른쪽 하단 그래프처럼 비행 속도가 600km/시 이상이면 엔진 공기 흡입구에 공기가 밀려들어 자연스럽게 압력이 높아지는 램 효과가 일어나고, 이 때문에 순추력은 비행 속도와 함께 커진다. 94쪽에서 살펴봤듯이 램 효과를 효율적으로 활용하기 위해서는 공기 흡입구의 형태가 중요하다.

순추력의 크기와 고도

(순추력) = (매초 흡입하는 공기량)×(분사 속도−비행 속도)

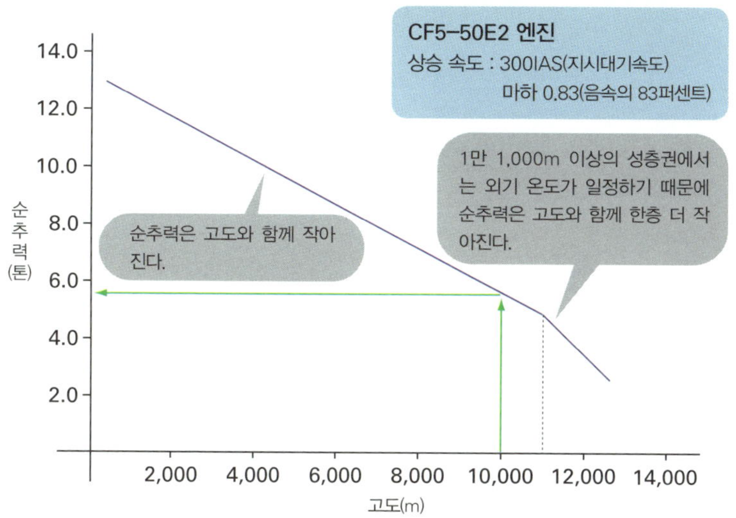
CF5−50E2 엔진
상승 속도 : 300IAS(지시대기속도)
마하 0.83(음속의 83퍼센트)
1만 1,000m 이상의 성층권에서는 외기 온도가 일정하기 때문에 순추력은 고도와 함께 한층 더 작아진다.
순추력은 고도와 함께 작아진다.
순추력(톤)
14.0
12.0
10.0
8.0
6.0
4.0
2.0
2,000
4,000
6,000
8,000
10,000
12,000
14,000
고도(m)

순추력의 크기와 속도

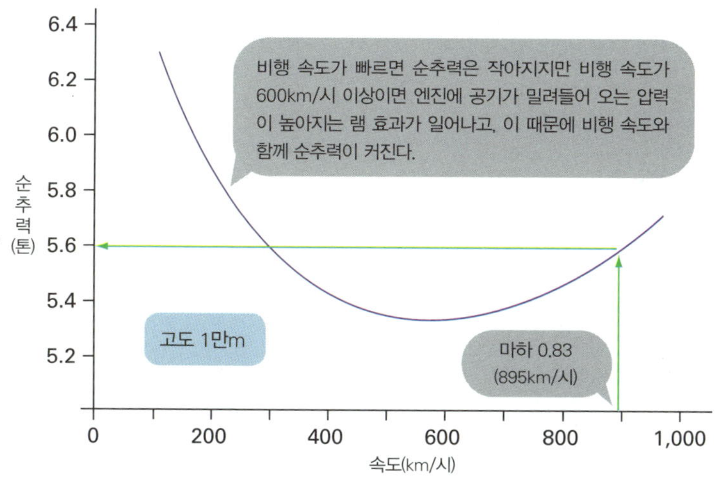
비행 속도가 빠르면 순추력은 작아지지만 비행 속도가 600km/시 이상이면 엔진에 공기가 밀려들어 오는 압력이 높아지는 램 효과가 일어나고, 이 때문에 비행 속도와 함께 순추력이 커진다.
고도 1만m
마하 0.83
(895km/시)
순추력(톤)
6.4
6.2
6.0
5.8
5.6
5.4
5.2
0
200
400
600
800
1,000
속도(km/시)

잉여 추력과 잉여 마력

6-22

상승 구배와 상승률

일반적인 비행에서는 단시간에 순항고도로 진입하기 위해 최적의 상승률을 확보할 수 있는 속도로 상승한다. 그러나 공항 주변에 높은 장해물이 있거나 항로상 번개구름이 있다면 최적의 상승 구배(上昇 勾配)를 확보할 수 있는 속도로 상승해야 한다. 이 두 가지 상승 방식의 차이점을 살펴본다.

상승 구배란 진출한 거리에 대한 획득 고도의 비율을 말한다. 예를 들어 상승 구배 3퍼센트는 100m 진행하면서 고도 3m에 도달한다는 의미다. 상승 구배의 크기는 추력과 공기의 저항력인 항력에 의해 결정된다. 엔진이 발휘하는 추력을 이용 추력이라 하고, 공기저항을 이겨내기 위해 필요한 추력을 필요 추력이라 부른다. 상승할 때는 이용 추력이 필요 추력보다 커야 한다. 오른쪽 상단 그래프처럼 이용 추력과 필요 추력의 차이인 잉여 추력이 최대일 때 상승 구배도 최대가 된다. 이렇게 상승 구배가 최대가 되는 비행 속도를 최량 상승 구배 속도라고 한다.

한편 상승률은 상승 구배와 상관없이 순항고도까지 몇 분 만에 상승할 수 있는지, 즉 수직 방향의 속도를 말한다. 예를 들어 아무리 컨디션이 좋아도 시간이 흐름에 따라 일하는 속도는 느려지기 마련이다. 그래서 업무 효율을 고려해야 하는데 이때 업무 효율, 마력(파워)의 개념이 등장한다. 다시 말해 상승률은 힘의 비교가 아닌 엔진의 마력과 공기저항의 마력을 비교해야 한다. 그래서 그 비율인 잉여 마력이 클수록 상승률도 커진다. 여기서 잉여 마력이 최대가 되는 속도를 최량 상승률 속도라고 한다. 최량 상승률 속도는 최량 상승 구배 속도보다 빠르다.

최량 상승 구배 속도

(잉여 추력) = (이용 추력) − (필요 추력)

보잉747-200
CF6-50E2 엔진(4개)
비행고도 1만m

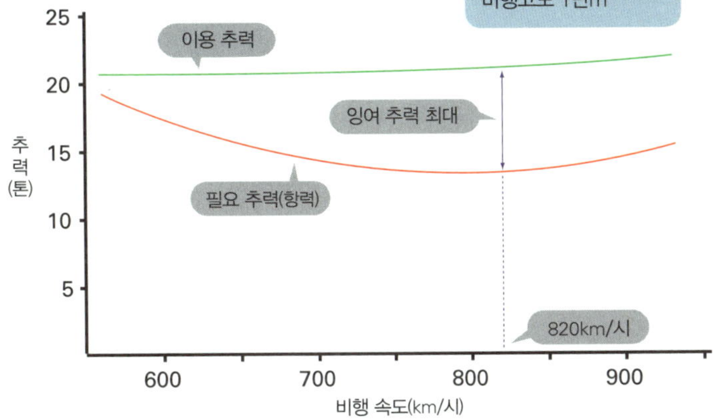

- 이용 추력
- 잉여 추력 최대
- 필요 추력(항력)
- 820km/시

추력(톤) vs 비행 속도(km/시)

최량 상승률 속도

(잉여 마력) = (이용 마력) − (필요 마력)

이용 마력 = (추력×속도)÷75
필요 마력 = (항력×속도)÷75

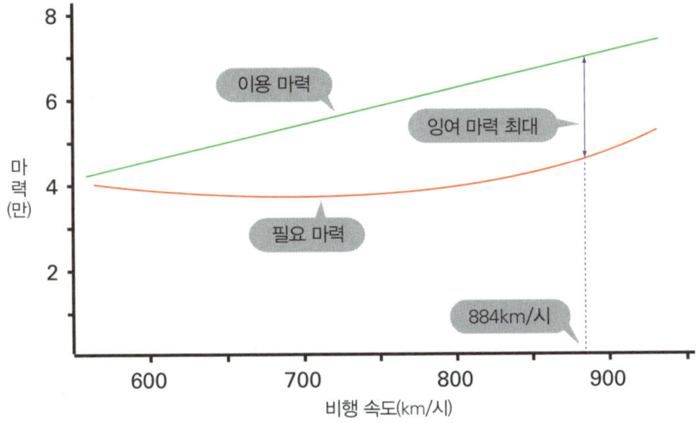

- 이용 마력
- 잉여 마력 최대
- 필요 마력
- 884km/시

마력(만) vs 비행 속도(km/시)

운용 상승 한도

6-23

어디까지 올라갈 수 있을까?

여기서는 CF6-50E2 엔진을 탑재한 보잉747-200을 예로 들어 비행기가 어디까지 상승할 수 있는지 확인해본다. CF6-50E2 엔진의 고도에 따른 추력 변화는 202쪽에서도 살펴봤듯이 보잉747이 4발기이기 때문에 추력값이 4배이며 오른쪽 상단 그래프처럼 변한다. 한편 동압을 일정하게 유지하면서 비행기가 상승할 때만 필요 추력이 고도와 상관없이 거의 일정하다. 일반적으로 동일한 비행 속도를 유지한다면, 고도가 낮을수록 필요 추력이 커진다.

비행기의 속도계는 비행기가 받는 풍압(風壓), 정확하게는 동압(動壓)을 속도로 환산하여 표시하는 대기속도계다. 비행기가 받는 동압의 수직 방향으로 작용하는 힘이 양력이고, 진행을 막는 힘이 항력이기 때문에 동압으로 양력이나 항력의 상태를 예상할 수 있다. 속도계의 기준으로 동압을 이용하는 데는 이런 이유가 있다. 대기속도계가 지시하는 속도로 비행기가 일정하게 상승한다는 것은 비행기가 받는 동압이 일정하다는 의미로, 양력과 항력도 일정하게 작용하고 있다는 뜻이다. 1만 2,000m 이상에서 항력이 급격히 증가하는데, 이것은 공기가 옅어진 1만 2,000m 이상의 대기권에서는 아무리 기수를 올려 양력을 얻으려 해도 항력만 커져서 250톤의 무게를 유지할 수 없다는 의미다.

고도에 따른 이용 마력과 필요 마력의 변화는 오른쪽 하단의 그래프와 같다. 고도와 함께 잉여 마력이 감소하기 때문에 상승률도 작아지지만 일반적으로 상승률이 제로(0)가 되는 고도까지 상승하는 일이 없다. 실제 비행에서는 상승률이 300노트/분(91m/분) 이하인 고도를 운용 상승 한도라고 하며 여기까지가 상승할 수 있는 최대 고도다.

잉여 추력과 고도

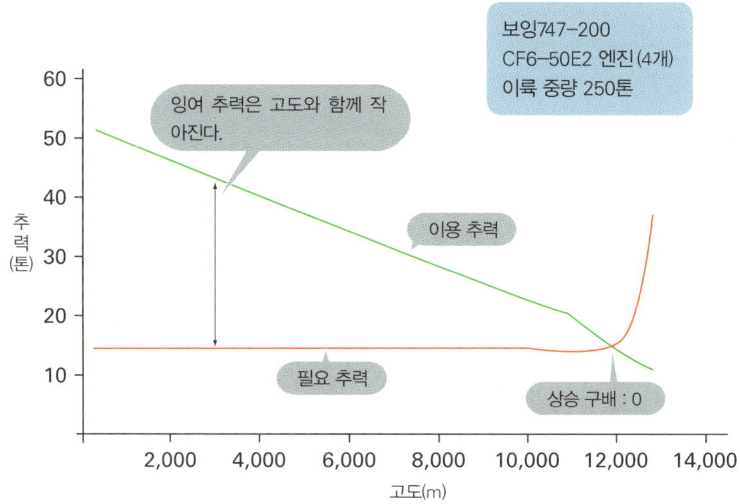

보잉747-200
CF6-50E2 엔진(4개)
이륙 중량 250톤
잉여 추력은 고도와 함께 작아진다.
이용 추력
필요 추력
상승 구배 : 0
추력(톤)
60
50
40
30
20
10
2,000
4,000
6,000
8,000
10,000
12,000
14,000
고도(m)

잉여 마력과 고도

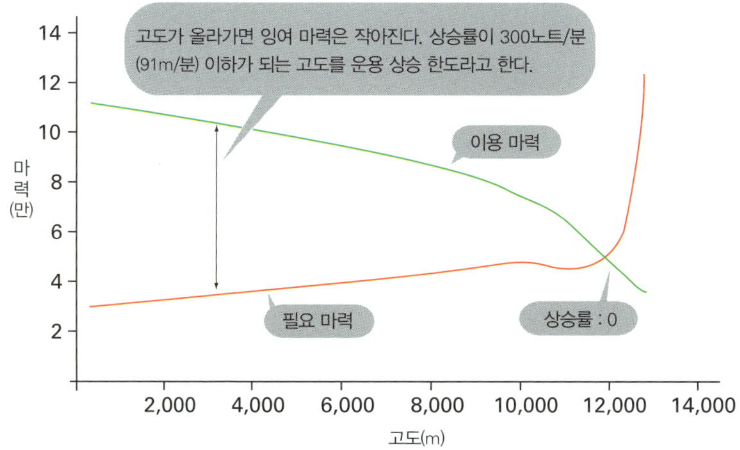

고도가 올라가면 잉여 마력은 작아진다. 상승률이 300노트/분(91m/분) 이하가 되는 고도를 운용 상승 한도라고 한다.
이용 마력
필요 마력
상승률 : 0
마력(만)
14
12
10
8
6
4
2
2,000
4,000
6,000
8,000
10,000
12,000
14,000
고도(m)

순항 추력 설정

속도를 일정하게 유지하려면?

6-24

비행기가 순항속도에 도달하면 경제속도로 순항한다. 경제속도는 비행을 관리하는 컴퓨터가 비행기의 무게와 바람 등의 대기 상태를 바탕으로 산출한 것으로 ECON(이콘) 속도라고 한다. 속도를 일정하게 유지해주는 순항 추력의 설정 순서를 알아보자. 자동 추력 제어 장치가 없었던 시절에는 다음과 같은 순서를 거쳤다.

- 엔진 추력표에서 순항속도와 EPR 목표치를 산출
- 최대 상승 추력으로 순항속도보다 약간 높은 속도까지 가속
- EPR값을 목표보다 약간 낮은 값으로 설정

이 같은 조작을 통해 비행기는 감속하여 목표 순항속도가 되고, 동시에 EPR값이 조금 증가하면서 목표치에 맞춰진다. 오늘날에는 모두 자동화되어 특별한 조작이 필요 없다.

에어버스 A330의 오토 스러스트는 스러스트 레버가 상승 추력 위치인 상태에서 상승 추력 범위 내로 추력을 제어하여 순항속도를 유지한다. 그리고 보잉 777의 오토 스로틀은 스러스트 레버를 자동으로 작동해서 최대 상승 추력보다 작은 정격 추력인 최대 순항 추력의 범위 내로 순항속도를 유지한다.

한편 순항 중에 상공의 온도나 바람의 영향으로 비행 속도가 바뀌는 경우가 많다. 이럴 때 자동 추력 제어로 비행 속도의 변화를 민감하게 감지하면서 추력을 조절하면, 오히려 연비가 나빠진다. 그래서 비행 시 3~4노트(5~7km/시) 정도의 속도 변화에는 자동 추력 제어가 관여하지 않는 소프트 모드로 설정한다.

에어버스 A330의 예시

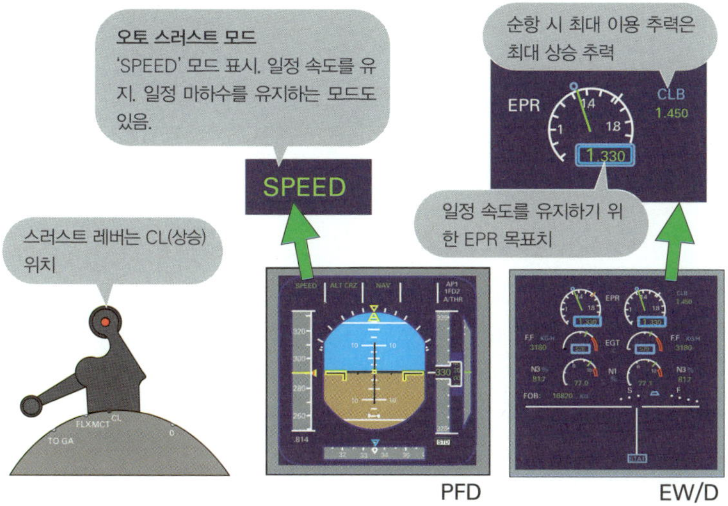
오토 스러스트 모드
'SPEED' 모드 표시. 일정 속도를 유지. 일정 마하수를 유지하는 모드도 있음.
순항 시 최대 이용 추력은 최대 상승 추력
EPR
CLB
1.450
1.330
SPEED
일정 속도를 유지하기 위한 EPR 목표치
스러스트 레버는 CL(상승) 위치
PFD
EW/D

보잉777의 예시

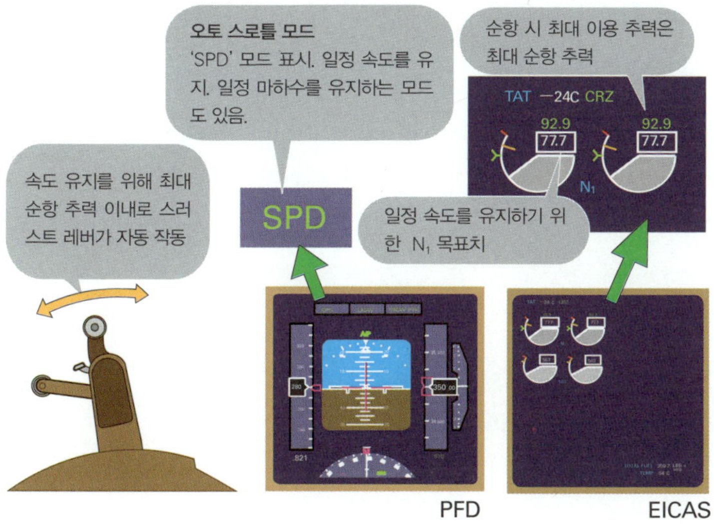
오토 스로틀 모드
'SPD' 모드 표시. 일정 속도를 유지. 일정 마하수를 유지하는 모드도 있음.
순항 시 최대 이용 추력은 최대 순항 추력
TAT −24C CRZ
92.9
77.7
N_1
SPD
일정 속도를 유지하기 위한 N_1 목표치
속도 유지를 위해 최대 순항 추력 이내로 스러스트 레버가 자동 작동
PFD
EICAS

순항 추력의 크기

양항비란 무엇인가?

6-25

26쪽에서 살펴봤듯이 비행기가 일정한 속도로 수평비행을 하면 양력과 중력, 항력과 추력이 각각 균형을 이룬다. 예를 들어 오른쪽 상단 그래프처럼 비행기의 무게가 250톤이라면 양력도 250톤, 비행 속도 마하 0.84(892km/시)에서 항력이 14.2톤이면 필요 추력도 14.2톤이다.

여기서 추력의 크기는 양력과 항력의 비율인 양항비를 통해서 가늠할 수 있다. 그래프의 양항비는 250÷14.2이므로 약 18이다. 이것은 중량 250톤의 비행기가 비행하는 데 중량의 18분의 1의 힘만 있으면 된다는 의미다. 제트 여객기의 양항비가 18 전후인데 비해 엔진이 없는 글라이더는 양항비가 60이다.

순항 중에 이용 가능한 최대 추력은 최대 순항 추력(에어버스 A330은 최대 상승 추력)이지만 필요 추력보다 크지 않으면 안정적인 순항이 불가능하다. 이 때문에 순항 가능한 최대 고도를 결정할 때 상승률이 300피트/분(91m/분) 이하여야 한다는 운용 상승 한도를 지켜야 할 뿐만 아니라, 최대 순항 추력 이내로 순항속도를 유지할 수 있는 고도여야 한다.

그러나 순항 중에 엔진이 고장으로 돌연 정지했다면 오른쪽 하단 그래프처럼 남은 엔진을 최대 연속 추력으로 설정해도 필요 추력에 미치지 못한다. 그 상태로 고도를 유지하자면 속도가 급격히 떨어지면서 비행기를 지탱하는 양력도 잃게 되어 실속 상태에 빠질 수 있다. 결국 필요 추력보다 최대 연속 추력이 커지는 고도까지 신속히 강하해야 한다.

필요 추력과 최대 순항 추력(4발 엔진)

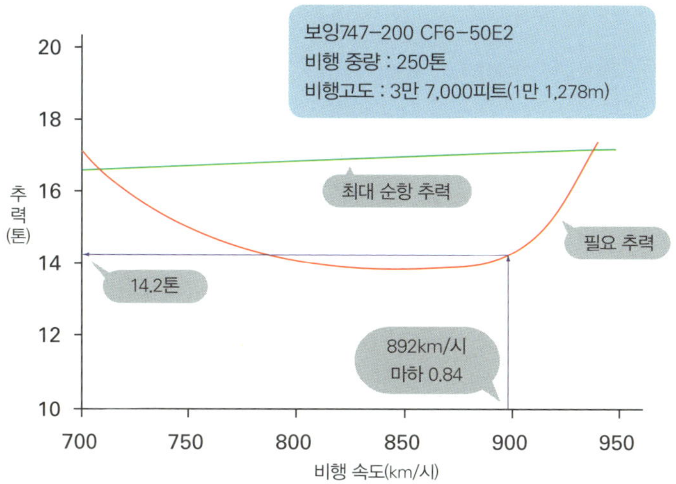

보잉747-200 CF6-50E2
비행 중량 : 250톤
비행고도 : 3만 7,000피트(1만 1,278m)
20
18
16
14
12
10
추력(톤)
최대 순항 추력
필요 추력
14.2톤
892km/시
마하 0.84
700
750
800
850
900
950
비행 속도(km/시)

필요 추력과 최대 연속 추력(3발 엔진)

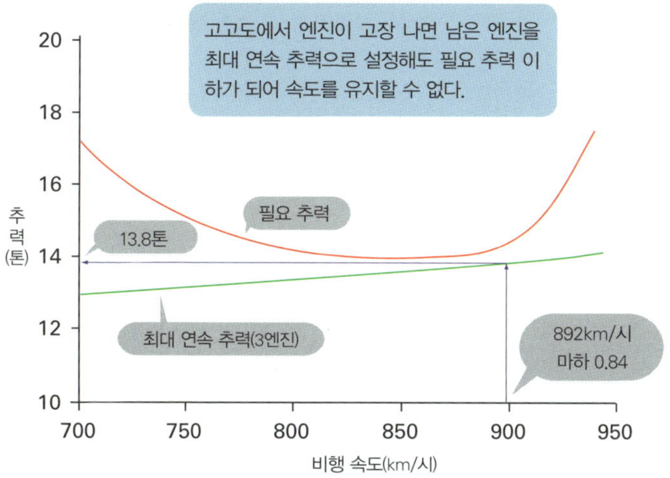

고고도에서 엔진이 고장 나면 남은 엔진을 최대 연속 추력으로 설정해도 필요 추력 이하가 되어 속도를 유지할 수 없다.
20
18
16
14
12
10
추력(톤)
필요 추력
13.8톤
최대 연속 추력(3엔진)
892km/시
마하 0.84
700
750
800
850
900
950
비행 속도(km/시)

드리프트 다운

6-26

순항 중에 엔진이 고장 난다며?

고고도를 순항하는 중에 엔진이 정지한다면 실속을 막기 위해 남은 엔진으로 안전하게 순항할 수 있는 고도까지 신속히 강하해야 한다. 남은 엔진을 최대 이륙 추력 다음으로 가장 큰 추력인 최대 연속 추력으로 설정하여 강하하는 일을 드리프트 다운(Drift Down)이라고 한다.

에어버스 A330은 먼저 오토 스러스트를 끄고 수동으로 스러스트 레버를 MCT 위치로 설정한다. 이렇게 하면 오토 스러스트가 더는 추력을 제어하지 않게 되며, 항상 최대 연속 추력을 유지할 수 있다. 비행기가 순항고도에 도달했을 때 스러스트 레버를 MCT 위치에 둔 채로 오토 스러스트를 다시 켜면, 최대 연속 추력 이내의 이용 추력으로 최량의 항속 거리를 유지할 수 있는 순항 방식인 장거리 순항(LRC, Long Range Cruise) 속도를 유지하며 비행할 수 있다.

한편 보잉777의 오토 스로틀은 좌우가 독립된 시스템이기 때문에 정지한 엔진만 끄고 정상 엔진은 오토 스로틀로 최대 연속 추력을 유지한다. 그리고 비행기가 순항고도에 도달하면 최대 연속 추력 또는 최대 순항 추력 이내의 추력으로 장거리 순항속도를 유지하며 비행한다.

드리프트 다운을 할 때 비행 속도는 상황에 따라 다르다. 항로상에 높은 산 같은 장애물이 있다면 강하율과 강하각을 최소화하기 위해 항력이 최소인 속도를 유지하며 강하한다. 또 EDTO-180 비행인 경우에는 180분 이내에 긴급 착륙을 할 수 있는 공항을 찾아 가능한 한 빠른 속도(최대 운항 한계 속도에 가까운 속도)를 유지하며 강하한다.

장애물 통과

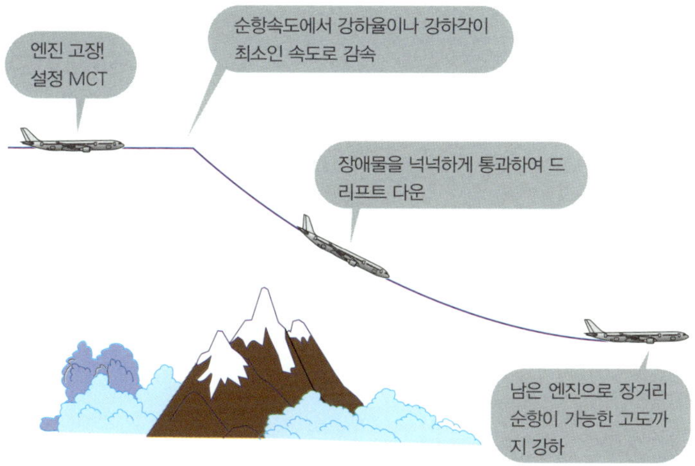

- 엔진 고장! 설정 MCT
- 순항속도에서 강하율이나 강하각이 최소인 속도로 감속
- 장애물을 넉넉하게 통과하여 드리프트 다운
- 남은 엔진으로 장거리 순항이 가능한 고도까지 강하

EDTO 적용 비행

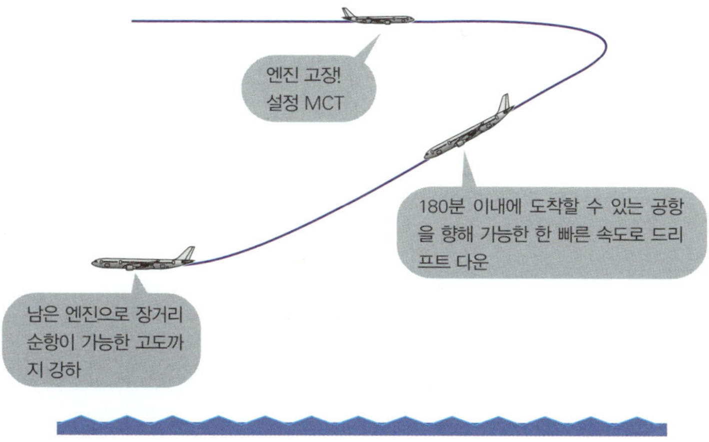

- 엔진 고장! 설정 MCT
- 180분 이내에 도착할 수 있는 공항을 향해 가능한 한 빠른 속도로 드리프트 다운
- 남은 엔진으로 장거리 순항이 가능한 고도까지 강하

EDTO-180

6-27

쌍발기를 위한 확장 운항

162쪽에서 살펴봤듯이 쌍발기가 장거리 비행을 할 경우에는 60분 이내에 긴급 착륙할 수 있는 비행항로를 선정해야 한다. ETOPS(쌍발기 장거리 진출 운항)는 이러한 60분 제한을 확장한 규정이다. 리시프로 엔진 시대를 지나 제트 엔진 시대가 되면서 120분, 180분 등 순차적으로 확장되었다. 이 규정이 현재는 EDTO(Extended Diversion Time Operation)로 확대 적용 중이다. 여기서는 EDTO-180을 적용했을 경우 실제로 어떻게 운항하는지 살펴보겠다.

먼저 EDTO를 적용하기 위해서는 쌍발기라도 3발기나 4발기와 동등하거나 그 이상의 신뢰성을 갖춘 비행기여야 한다. 그리고 엔진의 운항 태세 및 정비 태세가 EDTO의 기준을 충족해야 한다. 예를 들어 EDTO-180 규정을 인정받더라도 비행 중 엔진 정지 비율이 0.02회/1,000시간을 초과하는 경우에는 EDTO-180 규정을 적용받을 수 없다.

오른쪽 그림의 예를 통해 실제 비행을 살펴보겠다. 먼저 EDTO의 확장은 홋카이도의 치토세(千歲) 공항에서부터 60분 거리를 초과하는 지점에서 시작된다. 이 입구 지점을 EEP(EDTO Entry Point)라고 한다. 그리고 긴급 착륙 공항까지의 소요 시간이 동일한 지점을 ETP(Equal Time Point)라고 한다. 이는 엔진 고장 시 긴급 착륙을 할 공항을 정하는 기준점이 된다. 마지막으로 비행기가 EXP(EDTO Exit Point)를 통과하면 EDTO는 종료된다.

EDTO가 적용된 항로

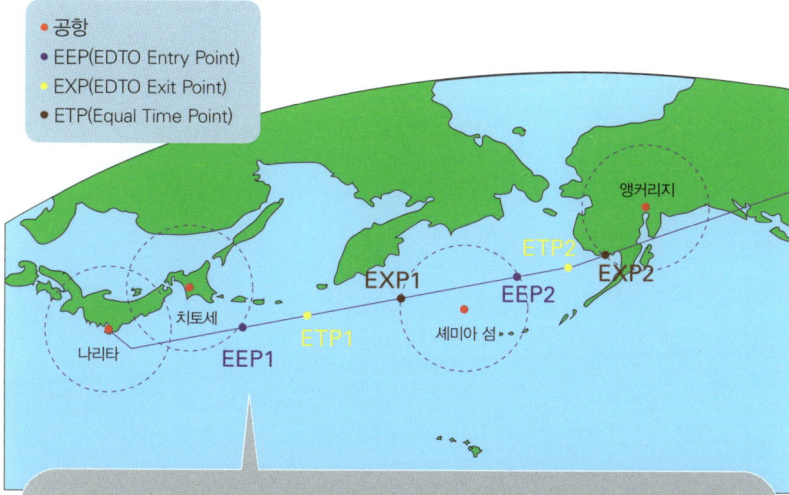

북태평양 항로 EDTO-180 규정이 적용된 비행의 예

- 공항
- EEP(EDTO Entry Point)
- EXP(EDTO Exit Point)
- ETP(Equal Time Point)

- 치토세에서 60분 이상 소요되는 지점이 EDTO 적용 비행의 제1입구 지점인 EEP1이다.
- EEP1 이후는 EDTO가 된다.
- 치토세와 셰미아까지의 비행 소요 시간이 동일한 지점이 ETP1이다.
- ETP1 이전에 엔진 고장이 발생하면 치토세로 향한다.
- ETP1 이후에 엔진 고장이 발생하면 셰미아로 향한다.
- 셰미아에서 60분 이내인 지점이 EDTO의 제1출구인 EXP1이다.
- 셰미아에서 60분 이상인 제2입구 지점, EEP2부터 다시 EDTO가 된다.
- ETP2 이전에 엔진 고장이 발생하면 셰미아로 향한다.
- ETP2 이후에 엔진 고장이 발생하면 앵커리지로 향한다.
- 앵커리지에서 60분 이내인 지점이 EXP2이며 EDTO 최종 출구가 된다.

전 엔진 정지

파일럿이 두려워하는 화산재

6-28

여러 개의 엔진이 동시에 정지하는 사고는 엔진 고장이기보다는 연료 고갈(연료 공급 문제)이나 화산재 같은 외부 요인이 원인일 가능성이 크다.

먼저 연료 공급에 발생할 수 있는 문제를 살펴보겠다. 외기 온도가 낮은 상공을 장시간 비행하면 외기 온도의 영향을 받기 쉬운 날개 탱크의 연료 온도가 떨어진다. 그리고 연료 온도가 섭씨 영하 40도 이하가 되면 점성 같은 연료의 성질이 변하기 때문에 연료 탱크에서 엔진까지 연료를 공급할 수 없게 된다. 연료 공급에 차질이 생기면 엔진이 정지하므로 연료 온도가 섭씨 영하 40도까지 떨어지면 순항고도를 낮추거나(1,000m 강하 시 6.5℃ 상승) 혹은 비행 속도를 높이는(마하 0.01 증가 시 약 0.6℃ 상승) 조치를 취한다.

다음은 파일럿이 가장 두려워하는 화산재에 대해서 알아보겠다. 비행기가 화산재 속으로 들어가면 오른쪽 그림처럼 기체, 계기류, 엔진 등에 악영향을 주고 모든 엔진이 동시에 정지하는 최악의 상황이 올 수도 있다. 게다가 비행 중에 기상 레이더로 화산재를 발견하기는 상당히 어렵다. 그래서 항공로 화산재 정보 센터(VAAC, Volcanic Ash Advisory Center)에서 최신 정보를 얻어 화산재가 날리는 상공을 피해서 비행한다. 정보 센터는 전 세계에 9곳밖에 없다.

만약 모든 엔진이 정지했다면 RAT(Ram Air Turbine)를 이용해서 전원과 유압을 확보하고 엔진의 점화 장치를 작동해 스타트를 다시 시도해야 한다. 공기의 밀도가 높아지는 1만m 이하에서는 엔진으로 유입되는 공기량이 많아지므로 스타트를 다시 할 수 있는 가능성이 높다.

화산재의 영향

1만m 이상까지 도달하는 경우도 있다.

분화한 화산에서 떨어져 비행해도 화산재는 바람을 타고 멀리까지 날아간다. 구름 속을 비행하는 경우라면 화산재를 발견하는 일이 쉽지 않다.

만약 화산재 속으로 비행기가 들어갔다면?

- 앞 창문이 흐려져 시계 불량이 된다.
- 날개의 성능이 저하되어 비행에 악영향을 끼친다.
- 피토관이나 정압공에 악영향을 미쳐 속도계나 고도계가 부정확해진다.
- 엔진 카울링에 큰 손상을 준다.
- 화산재가 연마제가 되어 압축기의 날개 끝이 마모되고 성능이 저하된다.
- 회전 부분이나 가동 부분에 침투한 화산재가 윤활 불량이나 온도 상승을 초래한다.
- 연소실 내에서 녹은 화산재는 냉각되어 터빈 날개에 달라붙을 수 있고, 이 때문에 압축기 회전 및 공기 흐름이 흐트러져 서징을 일으킬 수 있다.
- 연료 분사 노즐을 막아 연료가 적절하게 분사되지 않는다.

강하는 어떻게 하는가?

6-29

강하는 엔진의 힘으로 하는 게 아니다

비행기가 강하할 때는 엔진 추력에 의존하지 않는다. 예를 들어 모든 엔진이 정지해도 강하는 부드럽게 할 수 있다. 그럼 비행기가 어떤 식으로 강하하는지 살펴보자.

강하할 때는 먼저 엔진 추력을 아이들 상태로 둔다. 이때 추력과 항력의 균형이 무너져 비행기는 감속하기 시작한다. 강하를 위한 목표 속도까지 감속하면 그 속도를 유지하려고 기수는 아래로 향한다. 기울어져 생긴 비행기 무게의 분력(分力)은 상승할 때처럼 항력으로 작용하는 것이 아니라 앞으로 나아가는 힘이 된다. 같은 상황에서 엔진이 없는 글라이더가 앞으로 진행하는 힘을 얻는 이치와 똑같다. 앞으로 향하는 힘이 항력보다 크면 비행기는 강하를 개시한다. 예를 들어 오른쪽 그림처럼 250톤의 비행기가 강하를 시작할 때 강하 각도가 3.2도가 되면 14톤의 항력을 이겨내는 힘이 생긴다.

이렇게 비행기는 위치 에너지를 속도 에너지로 바꾸어 강하하기 때문에 엔진의 힘은 필요 없다. 또 양력을 낮춰서 강하하지도 않는다. 상승과 마찬가지로 비행기의 겉보기 무게는 가벼워지지만 강하할 때 양력은 비행기를 계속 지탱하는 역할을 한다.

그런데 지금까지 한 설명은 아이들 추력의 크기를 고려하지 않았다. 엔진이 없는 글라이더의 활공과는 달리 제트 여객기의 강하는 아이들 추력의 크기를 고려해야 한다. 다음 장에서 아이들 추력의 크기에 대해 살펴보겠다.

강하 과정과 역학 관계

추력을 아이들로 설정하면 추력보다 항력이 크기 때문에 감속하기 시작한다.

기수가 적절한 각도까지 기울어지면 항력을 이기는 힘이 생기고 하강이 시작된다.

강하 속도를 유지하기 위해 기수는 아래로 향한다.

- 양력 : 249.6톤
- 항력 : 14톤
- 전진력 : 14톤
- 강하 각도 : 3.2°
- 겉보기 무게 : 249.6톤
- 중력 : 250톤
- 기울어짐이 만들어낸 힘 : 14톤

아이들 추력의 크기

6-30

엔진 브레이크의 역할은 무엇인가?

고고도에서 아이들은 프레임 아웃 방지나 발전기 등 보조 기계류의 토크 확보를 위해서 지상보다 빠른 회전 속도로 설정한다. 그럼에도 불구하고 강하 중 아이들 추력은 순추력을 발휘하지 못하는데 그 이유를 알아보자. 비행기가 비행할 때 발휘하는 추력인 순추력의 등식은 다음과 같다.(70쪽 참고)

(순추력) = (매초 흡입하는 공기량) × (분사 속도 - 비행 속도)

이 등식에 따르면 추력의 크기는 얼마나 많은 공기를 얼마나 빠른 속도로 분사하느냐에 달렸다. 흡입하는 공기의 속도는 비행 속도와 동일하기 때문에 흡입한 공기를 비행 속도 이상으로 가속하여 분사하지 않으면 공기에 운동 에너지를 줄 수 없다. 즉, 아이들 추력에서는 공기의 반작용이 없으며 순추력은 발생하지 않는다.

예를 들어 고도 1만 1,000m에서의 아이들 추력과 비행 속도의 관계가 오른쪽 그래프와 같다고 가정해보자. 그래프에 따르면 비행 속도가 665km/시 이상이 되면 아이들 추력은 마이너스가 되며 비행 속도 880km/시로 1만 1,000m를 강하 중인 아이들 추력의 크기는 -483kg이다. 강하 중에 추력이 마이너스라는 것은 진행을 막는 항력으로 작용한다는 의미이며 자동차가 비탈길에서 이용하는 엔진 브레이크와 비슷한 역할을 한다는 의미이기도 하다.

또 강하할 때 대기 속도가 일정하면 동압도 일정하기 때문에 공기 밀도가 높은 저고도일수록 일정한 동압을 유지하기 위해서 실제 비행 속도는 느려진다. 그래서 저고도에서는 공기 흡입 속도보다 분사 속도가 빨라져서 추력이 플러스로 전환된다.

추력과 비행 속도

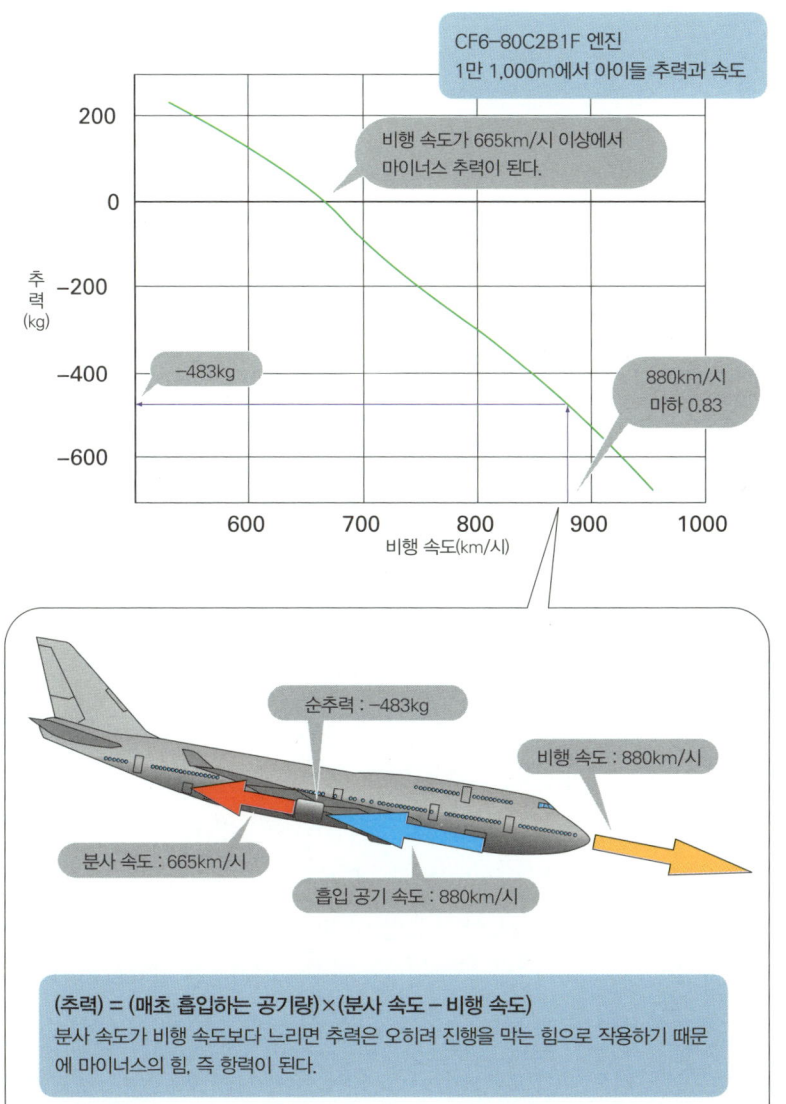

(추력) = (매초 흡입하는 공기량) × (분사 속도 − 비행 속도)
분사 속도가 비행 속도보다 느리면 추력은 오히려 진행을 막는 힘으로 작용하기 때문에 마이너스의 힘, 즉 항력이 된다.

착륙할 때는
엔진의 힘이 필요하다
필요 추력은 이륙 추력의 30퍼센트

6-31

강하 중에는 아이들 추력으로 충분하지만 착륙하기 위해 활주로로 진입을 시도하면서부터는 엔진의 힘이 필요하다.

착륙할 때는 보통 활주로를 마주보고 각도 3도 정도인 최종 진입 경로(glide path)를 타고 강하한다. 진입 강하 중에는 플랩을 운항 모드에서 착륙 위치로 바꾸고, 착륙 장치를 내려서 착륙 모드를 취한다. 그리고 착륙 직전에 서행하면서 비행기의 무게를 지탱하는 양력을 유지하기 위해 기수를 높인다. 착륙 모드에서의 항력, 바꿔 말하면 필요 추력은 운항 모드와 비교해 두 배 이상 크다.

예를 들어 순항 중에는 약 14톤의 힘이 필요했는데 오른쪽 그림처럼 최종 착륙 모드에서는 29톤이 필요하다. 이는 착륙할 때 이륙 추력의 30퍼센트 정도의 힘이 필요하다는 의미다. 그러나 그림처럼 비행기 무게에 의한 분력이 상승할 때와는 반대로 전진하는 힘이 되기 때문에 필요 추력이라고 해도 엔진의 추력은 29톤이나 필요하지 않다. 진입 각도 3도에 대한 비행기 무게 250톤의 분력은 13톤이기 때문이다. 그래서 실제로는 남은 16톤의 힘을 엔진의 도움으로 해결한다. 이것은 이륙 추력의 약 15퍼센트에 상당하는 크기다.

플랩을 내리면 양력이 작용하는 풍압 중심이 전방으로 이동한다. 양력은 비행기의 자세와 상관없이 기체가 날아가는 방향의 직각으로 발생하기 때문에 비행기가 기수를 높인 자세일지라도 상승할 때처럼 중력의 분력이 항력으로 작용하지는 않는다. 이는 218쪽에서 살펴본 강하 중에 일어나는 힘의 균형과 마찬가지다.

순항할 때보다 더 필요한 추력

활주로를 마주보고 각도 3도의 진입 경로를 타고 강하한다. 착륙 모드에 들어선 비행기는 플랩과 착륙 장치를 내렸기 때문에 항력이 커진데다가 저속에서 비행기를 지탱하는 양력을 유지하기 위해 기수를 높였기 때문에 더욱더 항력이 커진다. 그래서 순항할 때보다 착륙 진입을 할 때 필요 추력이 크다.

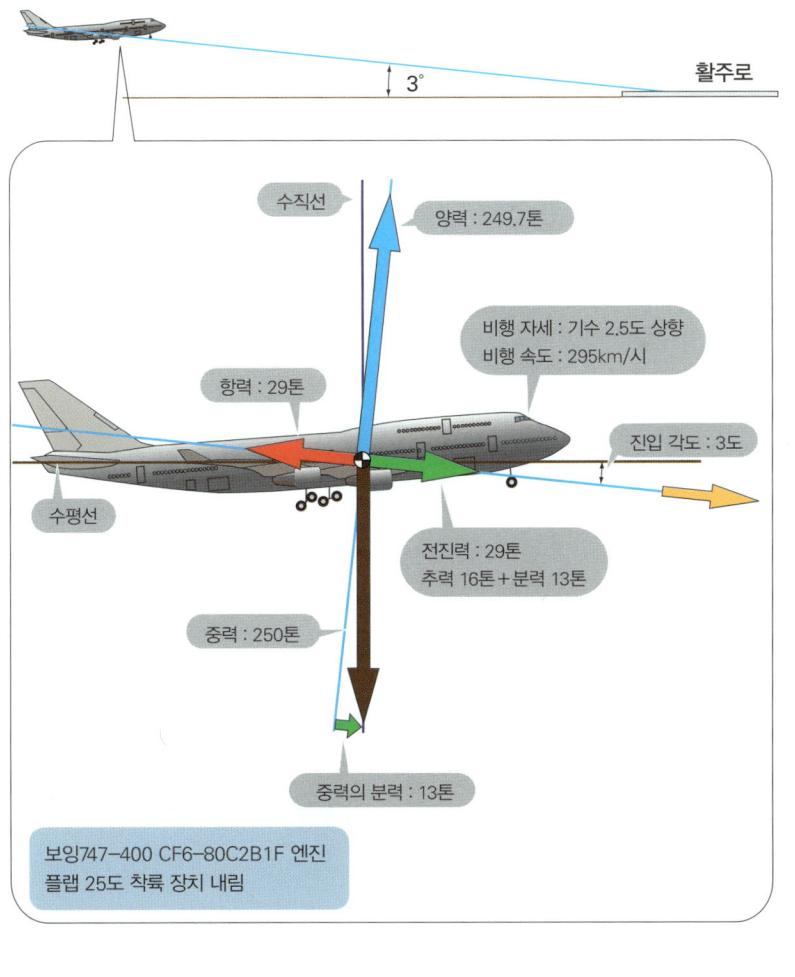

고 어라운드

6-32

착륙을 중지하고 상승

일반적으로 이륙을 중지하는 일은 그리 빈번하지 않지만 착륙을 중지하는 일은 자주 있다. 착륙을 중지하는 가장 큰 이유는 안개나 눈 때문에 결정고도(decision height, 착륙을 시도할 것인가 포기할 것인가를 결정해야 하는 고도-옮긴이 주)까지 강하해도 착륙 목표(활주로)를 확인할 수 없기 때문이다. 이때는 착륙을 중지하고 고 어라운드 추력으로 상승해야 한다.

예를 들어 결정고도 100피트(30m)에서 착륙 중지를 결정했다고 하자. 착륙 전 비행기는 3m/초 전후로 강하하기 때문에 만약 고 어라운드 추력까지 10초 걸린다고 하면 상승은커녕 그대로 지면에 접지할 가능성이 크다. 그래서 아이들에서 고 어라운드 추력까지 8초 이내에 가속해야 한다. 특히 팬이 큰 엔진은 가속성 문제를 해결하기 위해 착륙 진입 시의 아이들을 높게 설정하기도 한다. 실제로는 최대 추력의 15퍼센트 이상으로 활주로에 진입하기 때문에 고 어라운드 추력까지는 몇 초면 가속이 가능하다.

에어버스 A330은 수동으로 스러스트 레버를 TOGA 위치까지 조종한다. 그러면 고 어라운드 추력까지 가속하고 동시에 오토 스러스트가 다시 암이 되기 때문에 지정된 고도가 되면 자동으로 상승 추력 설정으로 바뀐다. 보잉777은 TOGA 스위치를 한 번 누르면 일정한 상승률의 추력이 자동으로 설정된다. 만약 바람이 많이 불어 일정한 상승률을 얻지 못한다면 한 번 더 눌러서 고 어라운드 추력까지 가속한다. 그리고 에어버스기와 마찬가지로 지정 고도에 이르면 상승 추력으로 설정한다.

고 어라운드의 과정

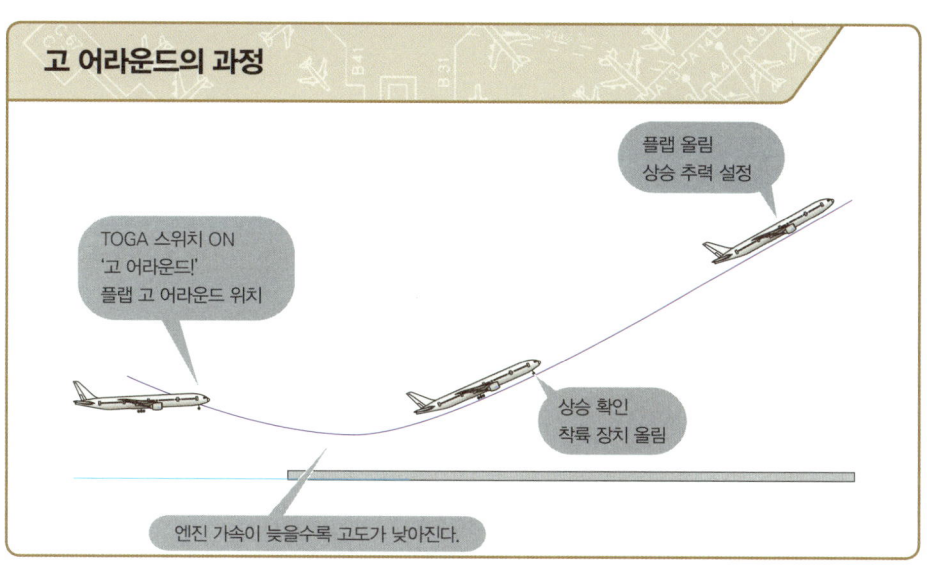

에어버스 A330의 예시

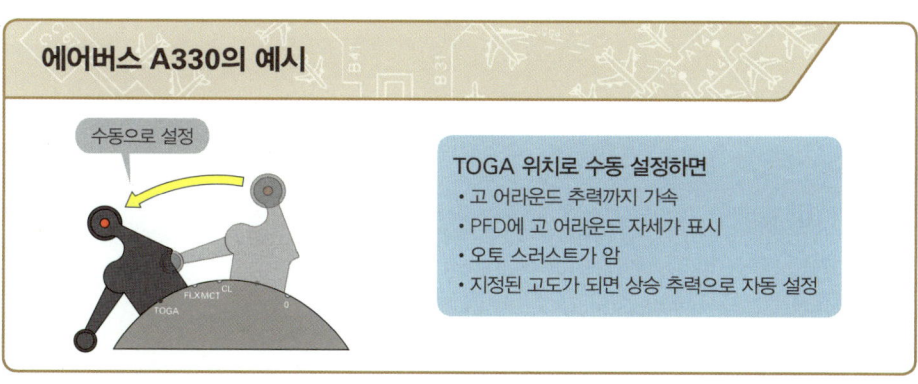

보잉777의 예시

A~Z / 숫자

4스트로크 엔진　36
ADIRS　152
APU　162~167
E/W　134
ECAM　156
ECON　208
EDTO　214
EEC　120
EEP　214
EGT　84, 132, 140
EICAS　134, 154, 158
EPR　142, 144
ETP　214
EXP　214
FADEC　120
FCU　120
FMS　146
IFSD　160
LNAV　200
MFD　134
OAT　150
SAT　150
TAC　58
TAT　150
TGT　140
TIT　84
TOGA　184, 188
V_1　190
V_2　190
V_{MCG}　192
VNAV　200
V_R　190
VSCF　102

가

가변 배기 덕트　62
가속 계속 거리　194
가속 정지 거리　194
가스 터빈 엔진　44
고 어라운드　112, 224
고압 압축기　82, 138
공연비　40
국제표준대기　180

나

뉴매틱 스타터　122

다
대기속도계　206
드리프트 다운　212

라
램 효과　150
리버스 레버　116
리시프로 엔진　36
리프트오프　18
리히트　62

바
바이패스비　88
반작용　22
발동기　14
방빙 장치　96
방화 장치　126
블리드 에어　96
비행고도　40, 44, 120, 152, 168, 202

사
상승 구배　204
서징　78
수직 항력　28
순추력　70
슈라우드　88
슈퍼차저　40
스러스트 레버　110~115, 118
스로틀 레버　110
스피드 브레이크　116

실속　24, 198, 210, 212
쌍발기　54, 56, 58

아
액세스 패널　92
양력　18, 22, 24
에어 데이터　152
엔진　14~19
엔진 화재 감지 장치　126
엔진 회전계　130
연료 계량 장치　106
연료 유량계　132, 146
연료 컨트롤 스위치　110, 124
열 교환기　104, 106
열에너지　36, 46, 80
오버 부스터　188
오토 사이클　36
와이드보디　54
운영 상승 한도　206
원동기　14
웨트 스타트　174
윙렛　26
유도 항력　26
유압계　148
유온계　148
유해 항력　26
윤활유 펌프　104
음속　42, 48, 62, 74
이륙　18
인렛 카울　92

자

자동 추력 제어 장치 120, 152, 194
작용 반작용의 법칙 22
장거리 순항 212
전자 엔진 제어 장치 118, 120
전자 체크리스트 158
점보제트 52
정격 추력 112
제트 엔진 66, 68, 70, 72, 74, 76, 80, 86
중력가속도 20
중압 압축기 76, 82, 138

차

초음속 여객기 62
총추력 70
최대 상승 추력 112, 113
최대 순항 추력 112, 113
최대 연속 추력 112, 113
최대 이륙 추력 112, 113
최대 제로 연료 중량 108
최량 상승 구배 속도 204, 205
최량 상승률 속도 204, 205
추력 26, 32, 34, 46
충격파 42, 62

카

카울 92
크리티컬 엔진 192

타

터보 엔진 46
터보팬 48
터보프롭 44

파

팬 리버서 92
팬 카울 92
풀 레이팅 120
프로펠러 32, 34, 42
플레임 아웃 80, 118

하

합력 28
핫 스타트 174
항공교통관제 170
항공로 화산재 정보센터 216
항력 26, 28
헝 스타트 174

참고 문헌

《AIM-J》, 국토교통성 항공국 감수, 일본항공조종사협회

《AIP》, 국토교통성 항공국

《AIRBUS A330 and A340》, Robert Hewson

《AIRBUS A380》, Guy Norris and mark Wagner

《AIRCRAFT BASIC SCIENCE》, Kroes/Raedon/Bent/Mckinley

《Aircraft Gas Turbine Engine Technology》, Irwin E. Treager

《Airframe & Powerplant MECHANICS POWERPLANT HANDBOOK》, U.S. DEPARTMENT OF TRANSPORTATION

《Code of Federal Regulations 14CFR23&25&121》, THE U.S. GOVERMENT PRINTING OFFICE

《FLYING THE BIG JETS》, STANLEY SYEWART WITH JOHN EDWARDS

《The Jet Engine》, Rolls-Royce plc 감수, 일본항공기술협회, 2004년

《가스 터빈의 연구》, 나가노 오사무, 오토리후미 서점, 1953년

《고속 비행의 이론》, 히라 지로, 히로카와 서점, 1977년

《공기역학의 역사》, Jr. John D. Anderson, 교토대학 출판회, 2009년

《대공성 심사 요령》, 국토교통성 항공국 감수, 호분서림출판

《제트 엔진 개론》, J.L Kerrebrock, 도쿄대학 출판회, 1993년

《터빈 발동기》, 가와바타 세이치, 일본항공기술협회, 1981년

《항공 기술 용어 사전》, 일본항공기술협회, 일본항공기술협회, 1992년

옮긴이 신찬

인제대학교 국어국문학과를 졸업하고, 한림대학교 국제대학원 지역연구학과에서 일본학을 전공하며 일본 가나자와 국립대학 법학연구과 대학원에서 교환학생으로 유학했다. 한·일간의 대중 문화 콘텐츠 비즈니스를 오랫동안 체험하면서 번역의 중요성과 그 매력을 깨닫게 되었다고 한다. 현재 번역 에이전시 엔터스코리아에서 출판 기획 및 일본어 전문 번역가로 활동 중이다.
역서로는 《자동차 운전 교과서》《읽지 않으면 후회하는 성공을 부르는 5가지 작은 습관》《어라 수학이 이렇게 재미있었나》《생명의 신비를 푸는 게놈》《무인양품은 왜 싸지도 않은데 잘 팔리는가》 등 다수가 있다.

비행기 엔진 교과서
제트 여객기를 움직이는 터보팬 엔진의 구조와 과학 원리

1판 1쇄 펴낸 날 2017년 6월 15일
1판 5쇄 펴낸 날 2024년 10월 15일

지은이 | 나카무라 간지
옮긴이 | 신찬
감 수 | 김영남

펴낸이 | 박윤태
펴낸곳 | 보누스
등 록 | 2001년 8월 17일 제313-2002-179호
주 소 | 서울시 마포구 동교로12안길 31 보누스 4층
전 화 | 02-333-3114
팩 스 | 02-3143-3254
E-mail | bonus@bonusbook.co.kr

ISBN 978-89-6494-292-5　13550

• 책값은 뒤표지에 있습니다.